Der HUNDE FITNESS Guide

JENS KORTLANG

WirmachenDruck.de
Sie sparen, wir drucken!

Email: info@edition-lunerion.de
www.edition-lunerion.de

Psiana eCom UG
Berumer Str. 44
26844 Jemgum

Inhalt

Die Rolle der Hundefitness

In einer Welt, die sich ständig verändert und nach Verbesserung strebt, hat sich auch die Forschung zu Hunden in den letzten Jahrzehnten weiterentwickelt. Neue Erkenntnisse, Sichtweisen und Methoden im Umgang mit Hunden sind entstanden. Die Haltungsbedingungen haben sich innerhalb weniger Jahre vom Haus- und Hofhund zum engen Familienmitglied verändert, das einen festen Platz in der Familie hat.

Mit diesen Veränderungen kommt es auch zu einem anderen Lebensstil, der sich auf die Bewegung und Ernährung des Hundes auswirkt. Durch gezielte Züchtung sind vermehrt Fehlstellungen und Gelenkerkrankungen im Bewegungsapparat von Hunden entstanden, die ihre Beweglichkeit einschränken. Die meisten Hunde werden nicht mehr für das Hüten einer Schafherde gehalten. Stattdessen schlafen sie im Bett und gehen dreimal am Tag mit ihrem Hundehalter gemütlich spazieren. Im Alltagsstress geht der geliebte Vierbeiner auch mal unter. Als Hundebesitzer sollten Sie sich jedoch bewusst sein, wie wichtig Bewegung und Sport für die Gesundheit und Lebensqualität von Hunden sind. Hundefitness spielt heutzutage eine große Rolle. Es ist nicht nur ein neumodischer Trend, sondern ein Sammelbegriff für die Gesunderhaltung des Hundes in der heutigen Gesellschaft. Gesundheit geht einher mit Fitness und ist ein wichtiger Faktor für ein langes und glückliches Hundeleben.

In diesem Buch werden Sie erfahren, warum Hundefitness wichtig ist, inwiefern Sie Ihren Hund fit halten können und welche Sportarten Sie mit ihm ausführen können. Physiotherapie und die Ernährung sind auch wichtige Faktoren für die Gesundheit von Hunden. Sie erhalten hilfreiche Tipps zur Alltagsgestaltung mit Ihrem Hund und erfahren, worauf Sie beim Sport achten müssen. Durch gezielte Fitnessübungen können Sie Ihrem Hund in kleinen Schritten die Freude an Bewegung und langen Spaziergängen zurückgeben.

Auf den Spuren der Gesundheit: Hundefitness von Anfang an

SCHMERZFREI BIS INS HOHE HUNDEALTER

Mit der Anschaffung eines Hundes wünschen Sie sich, dass das neue Familienmitglied viele Jahre körperlich gesund bleibt und Sie auf Abenteuern begleiten kann. Ebenso übernehmen Sie mit dem Einzug eines Haustieres eine große Verantwortung, ihm ein schönes und schmerzfreies Leben zu bieten. Das Thema Fitness und Sport findet in der Hundewelt immer mehr Aufmerksamkeit. Hundebesitzer sorgen sich um ihre Vierbeiner und möchten, dass es ihnen gut geht. Wünschen Sie sich auch, dass Ihr Hund ein langes und gesundes Leben bei Ihnen führen kann? Sorgen Sie sich um das Wohlbefinden Ihres Hundes? Sie werden in den folgenden Kapiteln erfahren, warum Hundefitness die Lebensqualität Ihres Hundes positiv verändern wird.

Leider können Hunde Ihnen nicht mitteilen, wenn mit ihnen etwas nicht stimmt. Zudem äußern viele Hunde ihre Schmerzen nicht und versuchen, sie zu verbergen. Dieser Schutzmechanismus lässt sich aus den Lebensbedingungen der freien Natur erklären. Sobald ein Tier Schwäche zeigt, wird es zu leichter Beute. Dieser Instinkt ist auch in Hunden noch tief verankert und macht es umso komplizierter, herauszufinden und zu erkennen, dass sie Schmerzen haben und Ihre Hilfe brauchen. Aufgrund dessen erkennen Hundebesitzer erst spät, dass ihr Hund leidet. Häufig bemerken Hundehalter die Schmerzen ihres Hundes erst, wenn sie ein hohes Alter erreicht haben. Deswegen ist es wichtig, die Hundesprache lesen und verstehen zu können und schon im jungen Alter mit Hundefitness anzufangen und nicht erst, wenn es schon zu spät ist. Schmerzfreiheit ist außerdem ein wichtiger Faktor im Hundetraining.

Gedankenexperiment:
Stellen Sie sich vor, Ihr Rücken würde tagelang weh tun und Sie würden nichts dagegen unternehmen. Sie sind schlecht gelaunt, gestresst, verlieren rasch die Nerven und Ihre Aufmerksamkeitsspanne lässt nach.

Genauso geht es Ihrem Hund, wenn er Schmerzen hat. Er kann sich nicht konzentrieren, die Zündschnur reißt und er zeigt schneller unerwünschtes Verhalten. Schmerzen beeinflussen das Verhalten Ihres Hundes und sind häufig der Grund für Verhaltensauffälligkeiten. So kann es sein, dass ein Hund nach einem Menschen schnappt, weil dieser gerade die Stelle am Rücken streichelt, welche dem Hund Schmerzen bereitet. Vor allem plötzliche Verhaltensänderungen bei Hunden können auf Schmerzen zurückgeführt werden.

Hundefitness ist für jeden Hund eine großartige Gelegenheit, mit seinem Menschen Spaß zu haben und gleichzeitig etwas für die Gesundheit zu tun. Sie verbringen qualitative Zeit miteinander und bieten Ihrem Hund eine tolle Beschäftigungsmöglichkeit. Gemeinsame Unternehmungen und ein Hobby, das Ihnen als Mensch-Hund-Team viel Freude bereitet, kann zudem bindungsfördernd sein und die Gehorsamkeit Ihres Hundes verbessern. Dabei spielt es keine Rolle, ob Ihr Hund alt, jung, gesund, klein, groß, sportlich oder eingeschränkt in der Bewegung ist. Junghunde können spielerisch die Grundlagen für motorische Fähigkeiten erlernen. Ältere Hunde können im Alltag durch eine gestärkte Muskulatur und Gelenkbeweglichkeit entlastet werden. Für erwachsene Hunde bietet Hundefitness sowohl eine mentale als auch eine körperliche Beschäftigung und es fördert die Bindung zu ihren Besitzern. Ängstliche und unsichere Hunde (z. B. aus dem Tierschutz) profitieren insofern, als ihr Selbstbewusstsein und Vertrauen durch das Bewältigen von Hindernissen und Fitnessübungen gestärkt wird. Sporthunde können mithilfe eines gezielten Aufbaus der Muskulatur und der Koordination ihre Leistungsfähigkeiten verbessern. Liegt bei Ihrem Hund bereits ein gesundheitlicher Befund oder eine chronische Krankheit vor, können Sie die Muskel- und Bewegungsdefizite Ihres Hundes durch ein abgestimmtes Fitnessprogramm wieder aufbauen. Mit den richtigen Übungen und einem guten Trainingsplan können Sie die Bewegungen im Alltag Ihres Hundes fördern und die Lebensqualität Ihres Hundes verbessern, damit er bis ins hohe Alter fit bleibt. Indem Sie die Muskulatur stärken, schützen Sie Ihren Hund gleichzeitig vor Verletzungen und Krankheiten und schonen die Gelenke. Mit gezielten Übungen können Sie die Gelenkstabilität und -flexibilität unterstützen, um Zerrungen oder Verstauchungen vorzubeugen. Beim Training sollten die Merkmale der Rasse auf die Übungen angepasst werden.

Hundefitness nimmt mittlerweile einen großen Bereich in der Hundewelt ein und kann auf vielfältige Weise für Sie und Ihren Hund individuell auf den Alltag abgestimmt werden. Derzeit gibt es mehr als 350 anerkannte Hunderassen weltweit. Der Trend zum Mischlings- oder Tierschutzhund steigt. Dennoch sollten Sie beim Hundefitnesstraining auf die typischen Rassemerkmale Ihres Hundes achten. Ein veränderter Körperbau (z. B. durch Qualzucht- und Rassekrankheiten, Altersschwäche, chirurgische Eingriffe) kann die Leistungsfähigkeit Ihres Hundes beeinträchtigen. Sportliche Hunderassen, wie zum Beispiel der Border Collie, der Australien Shepherd, der Jack Russell Terrier oder der Retriever, sind für Freizeitaktivitäten schnell zu begeistern und haben einen starken Bewegungsdrang. Auch wenn Ihr Hund der gemütlichen Seite angehört, gibt es sicher geeignete Fitnessübungen oder Hundesportarten, die Ihrem Hund gefallen. Wenn all diese Faktoren bei der Hundefitness berücksichtigt werden, gibt es für jeden Hund etwas, das ihm Spaß macht und mit dem er seine Gesundheit verbessern kann.

GESUNDHEITSVORTEILE VON HUNDEFITNESS

Ein auf dem Boden purzelnder Mops oder der Labrador, welcher jeden Abend eine Pizza fressen darf und dafür auch noch gefeiert wird – in den sozialen Medien gehen immer mehr Videos viral, welche das Übergewicht von Hunden verharmlosen. Das Erschreckende: Viele Menschen finden es auch noch witzig und teilen die Videos im Netz. In Deutschland leiden laut einer Studie der Ludwig-Maximilians-Universität in München etwa 52 % aller Hunde an Übergewicht. Dies hat beträchtliche gesundheitliche Konsequenzen zur Folge. Es kann zu Gelenkverschleiß, Herzproblemen und Diabetes führen.

Hundefitness bringt zahlreiche Vorteile für die Gesundheit und das Wohlbefinden Ihres Hundes mit sich. Ein gut aufgestellter Trainingsplan kann Übergewicht bei Hunden erfolgreich vorbeugen und beim Abnehmen helfen, damit Ihr Hund bis ins hohe Alter gesund bleiben kann. Hundefitness ist ein maßgebender Faktor zur Erhaltung der Gesundheit Ihres Hundes. Sport ist nicht nur für den Menschen, sondern auch für den Hund von großer Bedeutung und wirkt sich positiv auf die Gesundheit und die Lebensqualität aus. Insbesondere für Hunde, bei denen bereits gesundheitliche Befunde vorliegen, kann Hundefitness diese Probleme lindern, die Muskeln stärken und zu einem Hundeleben mit weniger oder sogar ohne Schmerzen führen.

Hundefitness unterstützt den gesamten Bewegungsapparat des Hundes. Die Gelenkbeweglichkeit wird verbessert. Sehnen und Bänder werden gestärkt und Muskulatur wird aufgebaut. Außerdem wird auf eine gleichmäßige Beanspruchung und Belastung der Muskulatur wert gelegt. Dadurch wird das Körpergefühl gefördert und der Hund entwickelt eine bessere Körperwahrnehmung. Dies führt zur Kräftigung von Bewegungsabläufen, Koordination und Motorik, was insbesondere Junghunden hilft, Trittsicherheit und Selbstbewusstsein aufzubauen. Viele Hunde bewegen sich hauptsächlich auf ihren Vorderbeinen und vernachlässigen ihre Hinterhandmuskulatur. Durch verschiedene Übungen, welche im späteren Teil des Buches erläutert werden, können Sie dem Hund ein besseres Gefühl und Bewusstsein für seine Hinterläufe vermitteln. Gelenke werden mithilfe von gut ausgeprägten Muskeln geschont. Schon- und Fehlhaltungen können mithilfe von Hundefitness und Physiotherapie korrigiert werden und zu einem schmerzfreieren Gangbild führen.

Ausreichende und gesunde Bewegung beeinflusst auch das Immunsystem des Hundes. Es kurbelt die Durchblutung und den Stoffwechsel an und verbessert die Herz-Kreislauf-Gesundheit. Regelmäßiges Training treibt das Blut durch den Körper und setzt Immunzellen und Antikörper in Bewegung, die sich im Blut befinden. Diese schützen den Körper vor Krankheitserregern. Eine hohe Anzahl dieser Immunzellen trägt dazu bei, dass der Hund Krankheiten, Infektionen und Entzündungen besser bekämpfen kann und eine gute Widerstandsfähigkeit im Körper aufbaut. Der Körper kann den Blutdruck, die Sauerstoffversorgung und Atmung besser regulieren. Die Leistungsfähigkeit und die Ausdauer Ihres Hundes werden gesteigert, sodass er zum Beispiel bei längeren Wanderungen mithalten kann.

Stress ist ein bekannter Faktor, der sich auf die Gesundheit negativ auswirken kann. Die Hormone Cortisol und Adrenalin werden ausgeschüttet.

Definition: Cortisol und Adrenalin
Cortisol und Adrenalin sind Stresshormone, die in der Nebenniere gebildet werden. Sie bereiten den Körper auf belastende Situationen und Reize vor. Cortisol speichert Energie und versorgt den Körper in Stresssituationen mit der Energie aus den Reserven. Daher ist Cortisol für länger anhaltenden Stress zuständig. Adrenalin wird vor allem bei Kampf-oder-Flucht-Reaktionen (Fight or Flight) eingesetzt. Die Herzfrequenz und der Blutdruck werden unmittelbar erhöht und die Freisetzung von Glukose wird aktiviert, um möglichst schnell Energie für körperliche Anstrengungen bereitzustellen.

Kommt es dauerhaft zu einer Freisetzung dieser Stresshormone, werden gesundheitsfördernde Zellen beeinträchtigt. Dies wirkt sich auf den ganzen Körper und insbesondere auf die psychische Gesundheit aus. Es kann zu Schlafstörungen und Verhaltensauffälligkeiten kommen. Ruhetage sind für Hunde deswegen von besonderer Bedeutung, um zu regenerieren. Ein gesundes Maß an Sport gibt dem Körper ein Ventil, Stress abzubauen, indem beim Training stressreduzierende Hormone ausgeschüttet werden. Lernen Sie Ihren Hund kennen und probieren Sie aus, wie viele Ruhetage Ihr Hund braucht, wann es zu viel für ihn wird und wie viel Sport ihm guttut.

Wünschen Sie sich, dass Ihr Hund ein langes und gesundes Leben bei Ihnen führen kann? Die soeben erklärten Vorteile der Hundefitness wirken sich positiv auf die Gesundheit Ihres Hundes aus. Gleichzeitig wird die Lebenserwartung verlängert. Indem Sie auf die Gesundheit Ihres Hundes achten und ihm die Möglichkeit bieten, sportlich aktiv zu sein, geben Sie Ihrem Hund die Chance, ein Hundeleben ohne Schmerzen zu führen und mehr Abenteuer mit Ihnen erleben zu können. Darüber hinaus schüttet Sport das Glückshormon Serotonin aus. Hundefitness ist nicht nur für die Gesundheit Ihres Hundes erfolgversprechend, sondern führt gleichermaßen zu einem glücklichen Mensch-Hund-Team.

Zielgruppen des Hundefitness-Guides

Dieses Buch richtet sich an alle Hundehalter, die die Lebensqualität ihres Hundes verbessern und sich um das Wohlbefinden und die Fitness ihres Hundes kümmern möchten. Sind Sie dazu bereit, Zeit und Mühe in die Förderung der Gesundheit Ihres vierbeinigen Freundes zu investieren? Dafür sind keine besonderen Vorkenntnisse erforderlich. Sollten Sie bereits Erfahrungen im Bereich der Hundefitness haben, bietet Ihnen dieses Buch nicht nur eine

Auffrischung der Grundlagen, sondern auch spannende und herausfordernde Übungen. So können Sie als Mensch-Hund-Team gemeinsam wachsen und fit bleiben. Wenn dieses Buch für Sie der erste Berührungspunkt mit dem Thema Hundefitness ist, werden Sie in kleinen Schritten an das Thema herangeführt, um die Sicherheit für Ihren Hund zu gewährleisten. Als Neuhundebesitzer oder zukünftiger Hundehalter können Sie das Buch nutzen, um von Anfang an eine gesunde Lebensweise für Ihren neuen Gefährten zu etablieren. Es ist wichtig, dass Sie sich grundlegendes Wissen im Bereich der Hundefitness aneignen. Dazu sollten Sie die folgenden Kapitel lesen. Sie lernen, Ihren Hund richtig einzuschätzen und die Trainingsbedingungen so zu gestalten, dass er weder überfordert noch verletzt wird.

Das Alter Ihres Hundes oder gesundheitliche Einschränkungen sollten kein Hindernis für die Fitness Ihres Hundes sein. Hundefitness kann mit Hunden jeden Alters, jeder Rasse und jeder Größe durchgeführt werden. Alle Hunde profitieren von einem geeigneten und auf das Individuum abgestimmten Trainingsplan. Natürlich müssen Sie die Fähigkeiten, die Bedürfnisse, den Körperbau und den Gesundheitszustand Ihres Hundes berücksichtigen. Hunde mit speziellen gesundheitlichen Bedürfnissen oder rehabilitationsbedürftige Hunde können von Physiotherapie und Rehabilitation profitieren. Für ältere Hunde oder Welpen können einige Übungen zu anstrengend sein. Außerdem gibt es Hunde mit Qualzuchtmerkmalen, auf die beim Training Rücksicht genommen werden muss. Beispiele für Qualzuchtmerkmale bei Hunden sind zu kurze Nasen oder sogenannte brachycephale Hunderassen, die aufgrund ihres Körperbaus Schwierigkeiten mit der Sauerstoffversorgung haben. Weitere Merkmale sind Gendefekte (z. B. Merlesyndrom), Schwanzverkrüppelungen, disproportionierter Zwergwuchs, Hautfalten oder Gelenkerkrankungen wie die Hüftgelenkdysplasie. Hunde, die Qualzuchtmerkmale aufweisen, sind beispielsweise der Dackel, die Französische Bulldogge, der Dobermann, der American Staffordshire Terrier, der Mops, Shar-Pei, Corgis und viele weitere Hunderassen. Passen Sie die Intensität der Übungen auf Ihren Hund an, damit er sie bewältigen kann, oder bauen Sie gegebenenfalls mehr Pausen in die Trainingseinheiten ein. Wenn Sie gerade erst mit dem Training anfangen, sollten Sie die Übungen langsam steigern und einen leichten Schwierigkeitsgrad wählen. Dies hilft Ihrem Hund, die Übungen besser zu verstehen und auszuführen. Es kann sein, dass Ihr Hund bei schwierigen Übungen schnell überfordert und erschöpft ist. Sie haben noch nicht einmal richtig angefangen und schon ist die Frustration groß und der Spaß am Training geht auf beiden Seiten verloren. Beobachten Sie Ihren Hund und erkennen Sie, wenn er durch seine Körpersprache Erschöpfung zeigt oder überfordert wirkt. Dies äußert sich zum Beispiel durch das Kopf- und Blickabwenden, aktives Zurückweichen oder Abwenden von den Übungen, Gähnen, Augenzwinkern oder Lefzenlecken. Erschöpfung kann sich auch durch die Verringerung der

Konzentrationsspanne äußern. Wenn all diese Aspekte beachtet werden, kann Hundefitness für jeden Hund eine große Bereicherung im Alltag sein.

Der vorliegende Hundefitness-Guide kann auch für Besitzer von Arbeits- oder Gebrauchshunden interessant sein. Gebrauchshunde wurden ursprünglich für den Einsatz in verschiedenen Branchen als Hütehunde, Rettungshunde, Suchhunde, Therapiehunde oder Polizeihunde gezüchtet. Arbeitshunderassen erfreuen sich über die Zusammenarbeit mit dem Menschen. Dazu zählen beispielsweise Schäferhund, Rottweiler, Malinois, Border Collie, Dobermann und der Labrador Retriever. Sie können durch das Training Ihren Hund weiter fördern und eine gute Auslastung für Hütehunde und Co. bieten. Viele Hunde kommen mit den modernen Lebensbedingungen nicht gut zurecht und müssen die Aufgabe, für die sie einst gezüchtet wurden, in einer Art und Weise erfüllen, die die Gesellschaft nicht gefährdet. Hundefitness in Form von Wassersport, Agility oder Mantrailing kann Langeweile vorbeugen und eine artgerechte Beschäftigung für Ihren Hund sein.

Definition: Agility
Agility ist eine Hundesportart, die auf der Zusammenarbeit zwischen dem Hundehalter und dessen Hund beruht. Der Hund durchläuft mithilfe von Anweisungen seines Menschen einen Hindernisparcours, bestehend aus Hürden, Tunneln, Wippen, Sprüngen und Slalomstangen. Schnelligkeit, Beweglichkeit und die Geschicklichkeit des Hundes sind hier besonders gefragt. Außerdem können Hundehalter mit ihren Hunden an Wettbewerben teilnehmen, um ihr Können zu präsentieren und das Vertrauensverhältnis zwischen Hund und Mensch zu verbessern.

Definition: Mantrailing
Mantrailing ist eine Hundesportart, bei der Hunde den Geruch einer Person aufnehmen, identifizieren und verfolgen. Mantrailing ist ein spannendes Hobby, das den Hund sowohl mental als auch körperlich auslastet und die Hundenase auf Gerüche schult. Es kann jedoch auch als Vorbereitung für die Such- und Rettungsarbeit dienen, bei der Hunde für die Suche nach vermissten oder verschütteten Personen in Katastrophengebieten eingesetzt werden.

Hundesportler und -enthusiasten finden in diesem Buch Übungen, um die körperliche Leistungsfähigkeit und Fitness ihrer Hunde zu steigern und auf Wettkämpfe vorzubereiten. Hundefitness eignet sich ebenso für Hunde in städtischen Umgebungen. Wenn der Zugang zu Freilaufflächen in der Natur nicht immer gegeben ist, können Sie Ihren Hund durch Hundefitness auslasten. Erkundigen Sie sich bei Hundeschulen und -vereinen in Ihrer Nähe und probieren Sie es einfach mal aus. Bestimmt finden Sie das richtige Hobby für Sie und Ihren Hund.

Dieses Buch eignet sich auch für Tierärztinnen und Tierärzte sowie Trainerinnen und Trainer, die das Thema Hundefitness vermitteln und fördern wollen. Tiergesundheitsexperten können es als Ressource nutzen, um Hundebesitzern fundierte Empfehlungen zur Hundefitness zu geben und sie bei der Erstellung von auf den Hund zugeschnittenen Fitnessplänen zu unterstützen. Schmerzen und Verhaltensauffälligkeiten hängen im Hundetraining oft zusammen. Hundetrainer und -betreuer können von den Informationen in diesem Buch profitieren, um Hunde ganzheitlich zu trainieren und die Ursachen für Verhaltensprobleme zu identifizieren. Daher ist es in der Hundeverhaltensberatung von großer Bedeutung, Kenntnisse über schmerzlindernde Übungen und Aktivitäten zu haben, die den Muskelaufbau und die Gelenkunterstützung fördern. Während eines Tierarztbesuchs oder einer Trainingsstunde erhalten Hundebesitzer so viele Informationen, dass es unmöglich ist, sich alles merken zu können. Ein Hundefitness-Guide kann Hundebesitzern helfen, sich an die erklärten Übungen zu erinnern und das Training zu erleichtern. Kundinnen und Kunden können so die Grundlagen, die Theorie und die Praxis der Hundefitness vertiefen und wirksamer anwenden.

Grundlagen der Hundefitness

Hundefitness bedeutet, dass die körperliche Gesundheit und Fitness von Hunden gezielt gefördert wird. Dazu gehören regelmäßige körperliche Bewegung und geistige Auslastung, die Prävention von Verletzungen, die Stärkung von Muskulatur und Ausdauer sowie eine ausgewogene Ernährung. Bevor Sie sich nun in die Welt der Hundefitness stürzen, sollten Sie dies vorab mit Ihrer Tierärztin oder Ihrem Tierarzt besprechen. Die meisten Übungen sind grundsätzlich für gesunde Hunde geeignet. Wenn bei Ihrem Hund gesundheitliche Beeinträchtigungen bekannt sind, sollten die Fitnessübungen und deren Belastungsgrad am besten in Zusammenarbeit mit Ihrer Tierarzt- oder Physiopraxis an Ihren Hund angepasst werden. So können Sie sicherstellen, dass die individuellen Bedürfnisse Ihres Hundes berücksichtigt werden und kein Verletzungsrisiko besteht.

Die Bedeutung von Aufwärm- und Abkühlübungen

In der Hundesportwelt ist es inzwischen allgemein bekannt, dass Aufwärm- und Abkühlübungen zum Training gehören. Auch für Hunde, die keinen Sport ausüben, sollte ein Warm-up fester Bestandteil in ihrem Alltag sein. Bedenken Sie, mit welchem körperlichen Einsatz Hunde miteinander spielen oder einem Ball hinterherjagen. Bevor eine sportliche Aktivität ansteht, sollten Sie Ihren Hund dementsprechend aufwärmen. Ohne gut durchgeführte Aufwärmübungen kann sich Ihr Hund schnell eine Zerrung, eine Verstauchung oder einen Bänderriss zuziehen. Das Aufwärmen bereitet Ihren Hund auf das bevorstehende Training vor und aktiviert seine Muskeln, die Gelenke und den Kreislauf. Die Muskeln werden warm und elastisch, was die Beweglichkeit während der Übungen fördert und somit das Verletzungsrisiko verringert. Gezieltes Aufwärmen regt die Durchblutung und das Herz-Kreislauf-System an. Darüber hinaus werden das Nervensystem und der gesamte Körper stimuliert. Dadurch erhält Ihr Hund die Information, dass er sich nun körperlich anstrengen wird und Konzentration gefragt ist. Achten Sie im Winter auf die Außentemperatur. Je kälter es ist, desto länger sollten Sie Ihren Hund aufwärmen.

Die Abkühlübungen nach dem Training werden oft vernachlässigt, obwohl das Cool-down mindestens genauso wichtig ist wie das Aufwärmen. Nachdem der Körper auf Hochtouren gearbeitet hat, sollte er sich langsam erholen und in den Ruhezustand zurückkehren. Während des Trainings befindet sich Ihr Hund schließlich im Leistungsmodus. Die Puls- und Atemfrequenz sowie der Stoffwechsel werden beschleunigt. Es kann für Ihren Hund gefährlich sein, wenn Sie das Training abrupt abbrechen, da die Verletzungsgefahr steigt. Mithilfe von Abkühlübungen wird die Körpertemperatur allmählich gesenkt und das Blut aus den Muskeln wird im Körper verteilt. Dadurch wird das Herz-Kreislauf-System wieder ins Gleichgewicht gebracht und der Körper

Ihres Hundes normalisiert sich. Damit Sie langfristige Trainingserfolge erzielen können, empfiehlt es sich, Dehnübungen während des Abkühlens durchzuführen. Die Flexibilität der Muskulatur bleibt erhalten und die Muskeln versteifen sich nicht. Ruhe ist ein wichtiger Bestandteil des Hundefitness-Trainings und in der Hundeerziehung. Daher sollten Aufwärm- und Abkühlübungen in Ruhe durchgeführt werden, ohne den Hund zu sehr anzustacheln. Nehmen Sie sich ausreichend Zeit für das Aufwärmen und Abkühlen. Andernfalls kann es schnell passieren, dass der Hund in eine hohe Erregungslage gerät und sich nicht mehr ausreichend auf das Training konzentrieren kann oder nach dem Training nicht mehr zur Ruhe kommt. Geben Sie Ihrem Hund die Möglichkeit zur Beruhigung und zum Stressabbau. Ihr Hund wird sich nach einer gewissen Zeit schneller regenerieren und erholen können, was sich positiv auf das Training auswirkt.

Körperliche Fitness vs. mentale Fitness

Hundefitness kann grundsätzlich in zwei Bereiche eingeteilt werden: körperliche Fitness und mentale Fitness. Beide Fitnessarten sind wichtig für ein glückliches Hundeleben und sollten nicht vernachlässigt werden. Ein Mangel an körperlicher und mentaler Auslastung kann zu Verhaltensauffälligkeiten und Problemen führen. Dazu zählen Langeweile, Frust, Zerstörungswut, Orientierungslosigkeit, übermäßiges Bellen, Übergewicht, Krankheiten und Hyperaktivität.

Körperliche Fitness bezeichnet den physischen Gesundheitszustand und die Leistungsfähigkeit des Körpers. Sie umfasst die fünf motorischen Fähigkeiten: Ausdauer, Kraft, Beweglichkeit, Koordination und Schnelligkeit. Sie können Ihren Hund in allen Kategorien fördern und mit vielfältigen, fähigkeitsspezifischen Übungen trainieren.

Für die Ausdauer ist das kardiovaskuläre System, also das Herz-Kreislauf-System, entscheidend. Es besteht aus Blutgefäßen und transportiert diese im gesamten Körper. Das kardiovaskuläre System versorgt den Körper außerdem mit Sauerstoff. Durch das Ausdauertraining Ihres Hundes kann Sauerstoff effizienter transportiert und verwendet werden. Ihr Hund hält das Training oder gemeinsame Wanderungen länger aus und ermüdet nicht so schnell.

Die Stärkung der Muskelkraft ist für Hunde besonders wichtig, um Gelenke, Sehnen und Bänder zu unterstützen. Bei gesundheitlichen Problemen wie Hüftgelenkdysplasie oder Patellaluxation kann eine gut ausgebildete Muskulatur Schmerzen lindern und alltägliche Bewegungen erleichtern. Auch nach chirurgischen Eingriffen oder Verletzungen sollte die Muskulatur des Hundes wieder aufgebaut werden, um die ursprüngliche Funktionalität wiederherzustellen und das Risiko weiterer Verletzungen oder Komplikationen zu verringern.

Eine geschmeidige Muskulatur und flexible Gelenke verringern insbesondere bei Hunden, die sehr viel springen, das Verletzungsrisiko. Die Erhaltung der Beweglichkeit und Flexibilität der Gelenke beugt unter anderem Steifheit sowie Gelenk- und Rückenproblemen vor.

Hatte Ihr Hund schon einmal Angst vor unbekannten Oberflächen oder Hindernissen im Alltag? Die Koordination begleitet Ihren Hund von Welpenalter an. Es gibt Hunde, die ein großes Selbstbewusstsein und eine gute Körperwahrnehmung haben und daher ungewohnte Bewegungsabläufe und Hindernisse problemlos bewältigen können. Eine ausreichend geförderte Koordination hilft Hunden dabei, Brücken zu überqueren oder Ausflüge auf nicht vertrautem Boden zu meistern. Sie haben keine Angst davor, auf Baumstämmen zu balancieren oder den nächsten großen Stein von oben zu erkunden. Der gezielte Einsatz der Muskulatur unterstützt den reibungslosen Ablauf koordinierter Gelenkbewegungen. Diese Koordination und die Gelenkbeweglichkeit sind z. B. bei abenteuerlichen Wanderungen oder beim Agility wichtig. Enge Wanderwege mit Stolperfallen und vielen herumliegenden Ästen sind für Hunde ohne eine gute Koordination nur schwer zu überwinden und das Verletzungsrisiko steigt durch Ungelenkigkeit.

Schnelligkeit ist vor allem für aktive Hundehalter im Hundesport interessant. Insbesondere für Sportarten wie Agility oder Wassersport muss der Hund lernen, Bewegungen in kurzer Zeit durchzuführen. Dafür benötigt er eine hohe Reaktions- und Bewegungsschnelligkeit. Mithilfe der Reaktionsschnelligkeit wird die Reaktion der Muskelbewegung auf bestimmte Signale gefördert. Die Beweglichkeit wird z. B. bei Slalomübungen trainiert. Die Optimierung der Schnelligkeit ist jedoch nicht für jeden Hund geeignet. Aufgrund genetischer und anatomischer Bedingungen können Sprintübungen für bestimmte Rassen (z. B. Mops, Dackel, Französische Bulldogge) eine hohe Belastung darstellen. Hunderassen wie der Border Collie, Australian Shepherd, Rhodesian Ridgeback oder Jack Russell Terrier sind für Extremsportarten beispielsweise gut geeignet, sofern keine gesundheitlichen Befunde vorliegen.

Der zweite Bereich der Hundefitness ist die mentale Fitness. Sie verweist auf die geistige Gesundheit. Hier werden kognitive Fähigkeiten wie Lern- und Denkfähigkeiten, Problemlösungskompetenz und emotionale Stabilität geschult. Hunde sind hochintelligente Tiere. Zum Beispiel können Sie Ihrem Hund beibringen, Geld zu suchen oder Türen zu öffnen. Hunde verfügen über bemerkenswerte Problemlösungsfähigkeiten, die Sie auch bei Hundefitnessübungen anwenden können. Mittlerweile gibt es auch viele Intelligenzspielzeuge auf dem Markt, die die geistigen Fähigkeiten Ihres Hundes fördern. Neben den zahlreichen Vorteilen für die Gesundheit Ihres Hundes lernen Sie Ihren Hund noch einmal aus einem anderen Blickwinkel kennen. Hunde besitzen erstaunliche kognitive Fähigkeiten, die Sie gemeinsam entdecken und trainieren können. Zeit mit dem Hund zu verbringen und neue Fähigkeiten zu erlernen macht nicht nur Spaß, sondern stärkt auch die Bindung zwischen Hund und Mensch und kann sich positiv auf das Verhalten des Hundes auswirken.

Körperliche und mentale Fitness lassen sich jedoch nicht strikt voneinander trennen. Sie bedingen und beeinflussen sich gegenseitig. Eine ausgewogene körperliche Gesundheit verbessert die geistige Fitness und umgekehrt. Um eine gute Konzentrationsfähigkeit bei Ihrem Hund aufzubauen, sollten Sie ihn von Anfang an geistig beschäftigen. Ihr Hund muss lernen, sein „Köpfchen" zu benutzen, damit er sich in Ruhe auf die Hundefitnessübungen konzentrieren und lernen kann, mit Frust umzugehen. Hunde, die in ihrer mentalen Fitness nie gefördert wurden, verlieren schnell den Fokus, werden unruhig und sind bereits bei einfachen Aufgaben überfordert und geben auf. Stecken Sie nun nicht den Kopf in den Sand. Es ist nie zu spät, die geistige Fitness Ihres Hundes zu verbessern. Hunde lernen schließlich ihr ganzes Leben lang, auch wenn sie schon erwachsen oder etwas älter sind. Kopfarbeit ist für Hunde sehr anstrengend und stellt eine gute Auslastung und Beschäftigung für Ihren Hund dar. Denksport ist außerdem eine gute Alternative für regnerische Tage, denn es lässt sich leicht in der Wohnung durchführen. Mithilfe von einfachen Denk- und Suchspielen bringen Sie Spaß und Abwechslung in den Alltag Ihres Hundes und verbessern gleichzeitig die Gesundheit und das Wohlbefinden Ihres Vierbeiners. Darüber hinaus ist mentale Fitness eine Grundvoraussetzung für das Erlernen von Fitness-, Physio- und Sportübungen.

Planung und Umsetzung eines Fitnessprogramms für Ihren Hund

Die Planung und Durchführung eines Fitnessprogramms für Ihren Hund kann auf den ersten Blick überwältigend erscheinen. Es gibt zahlreiche Möglichkeiten und Übungen, welche die Fitness Ihres Hundes verbessern. Allerdings ist nicht jede Übung für alle Hunde geeignet. Sie müssen Aspekte wie Rasse, Alter, Gesundheit und Fitnesslevel beachten. Für Hunde mit gesundheitlichen Problemen ist eine tierärztliche Überwachung und Begleitung sinnvoll. Sprechen Sie sich mit Ihrem Tierarzt oder Physiotherapeuten ab. Dieser kann Ihnen Empfehlungen geben und passende Übungen zeigen. Für gesunde Hunde sollte das Training kein Problem darstellen. Dennoch ist es wichtig, auf individuelle Bedürfnisse zu achten und Anzeichen von Müdigkeit, Erschöpfung und Schmerzen frühzeitig zu erkennen. Grundsätzlich gilt: Lieber langsamer und vorsichtiger an die Übungen herangehen, als den Hund zu überfordern oder ihm sogar noch mehr Schmerzen zuzufügen.

Nach einer Beratung durch Ihren Tierarzt können klare Trainingsziele festgelegt werden. Idealerweise kennen Sie Ihren Hund am besten und können einschätzen, welche Übungen er meistern kann. Wählen Sie für den Anfang Fitnessübungen, die Ihrem Hund leichtfallen. Andernfalls sind Sie und Ihr Hund schnell frustriert. Haben Sie keine Angst, sich in der Hundesportwelt auszuprobieren. Es ist empfehlenswert, verschiedene Fitnessübungen und

Sportarten zu testen, solange Sie Ihren Hund nicht überfordern und auf seine Sicherheit achten. Beobachten Sie, welche Sportart Ihrem Hund Freude bereitet. Erfolge im Hundetraining und in der Hundefitness motivieren und geben Ihrem Hund eine positive Bestätigung. Daher sollten Sie erst einmal klein anfangen und Ihr Training progressiv steigern.

Sobald Sie herausgefunden haben, was Ihrem Hund Spaß macht, können Sie Übungen aus diesen Bereichen wählen. Im Laufe der Zeit können Sie den Schwierigkeitsgrad der Übungen steigern und Variationen in den Fitnessplan einbauen oder auch motorische Fähigkeiten verbessern, die Ihrem Hund möglicherweise nicht so leichtfallen. Wenn Ihr Trainingsziel darin besteht, das Gewicht Ihres Hundes zu reduzieren, muss er zunächst seine Ausdauer verbessern, um schwierige Übungen zur Gewichtsreduktion zu meistern. Außerdem ist es wichtig, beim Gewichtsmanagement auf die Ernährung des Hundes zu achten. Eine ganzheitliche Betrachtung der Hundefitness ist entscheidend, um Ihr Trainingsziel zu erreichen. Suchen Sie sich jeweils eine oder zwei Übungen aus den fünf Bereichen der körperlichen und mentalen Fitness aus. Mit Balancetraining fördern Sie die Koordination und stärken die Muskeln. Ausdauer können Sie mit Laufen, Joggen oder Steh-Platz-Steh-Übungen trainieren. Im Verlauf des Buches werden Ihnen diese und weitere Fitnessübungen vorgestellt. Ein Fitnessplan sollte ebenso Übungen für die mentale Fitness beinhalten. So stellen Sie sicher, dass eine Vielzahl von Übungen in Ihr Programm integriert wird, von denen Ihr Hund ganzheitlich profitieren kann. Gehorsamsübungen, Apportieren und andere Denk- und Suchspiele sorgen für Abwechslung und fördern verschiedene Fähigkeiten. Die Einbeziehung von abwechslungsreichen Übungen in Ihrem Fitnessprogramm aktiviert die nötige Konzentrationsfähigkeit und Motivation Ihres Hundes.

Ein Zeitplan mit Routinen und festgelegten Abläufen ist eine wichtige Stütze für Ihren Hund. Es gibt ihm Sicherheit, da er weiß, was auf ihn zukommt und passieren wird. Dadurch kann sich Ihr Hund gut auf die bevorstehende Trainingseinheit vorbereiten. Festgelegte Aufwärm- und Abkühlübungen stellen beispielsweise eine gute Routine in Ihrem Trainingsprogramm dar. Es ist empfehlenswert, nicht jeden Tag dieselben Muskeln des Hundes zu beanspruchen, da sie Zeit zur Regeneration brauchen. Ein Wochenplan eignet sich gut, um Ziele festzulegen, Pausentage einzuplanen und täglich verschiedene Fähigkeiten und Muskelgruppen zu trainieren. Wie ein solcher Plan auch für einen ganzen Monat aussehen kann, erfahren Sie im Bonus dieses Buches.

Ein gut strukturiertes Fitnessprogramm beinhaltet eine Vielzahl von Übungen, um die körperliche und mentale Fitness zu fördern. Damit Ihr Hund die Übungen versteht und ausführen kann, benötigt er ein zuverlässiges Belohnungssystem. Ohne positive Verstärkung weiß Ihr Hund nicht, was von ihm erwartet wird.

Definition: Positive Verstärkung
Ziel der positiven Verstärkung ist es, das richtige Verhalten des Hundes zu belohnen, damit es häufiger gezeigt wird. Wenn der Hund das Signal „Sitz“ ausführt, erhält er eine Belohnung (z. B. stimmliches Lob, Futterbelohnung, Streichel- oder Spieleinheiten, Umweltbelohnungen). Die Chance, dass er das Signal beim nächsten Mal erneut durchführt, erhöht sich. Positive Verstärkung ist ein Konzept aus der Verhaltenspsychologie. Es basiert auf der Lerntheorie durch Belohnung und schafft eine positive und harmonische Beziehung zwischen Mensch und Hund. Der Hund hat Spaß und freut sich auf das Training und die Kooperation.

Als Belohnung eignen sich Leckerlis oder das Trockenfutter Ihres Hundes. Für manche Hunde reicht auch ein stimmliches Lob aus. Bedenken Sie, dass allein der Hund entscheidet, was er als belohnend empfindet. Eine Streicheleinheit mag für manche Hunde eine angenehme Belohnung sein, für andere jedoch eine Bestrafung. Überlegen Sie, welche Form der Belohnung Ihrem Hund gefällt, und setzen Sie diese beim Aufbau der Fitnessübungen ein. Die Arbeit mit einem Markerwort oder Clicker kann vielen Hunden Klarheit verschaffen, da der Clicker punktgenau für die Bestätigung des richtigen Verhaltens eingesetzt werden kann.

Was ist ein Clicker beziehungsweise ein Markerwort?

Öffnen Sie den Kühlschrank und plötzlich steht der Hund neben Ihnen? Rennt Ihr Hund jedes Mal zu Ihnen, sobald Sie mit einer Tüte rascheln? Dieses Phänomen wurde von dem Physiologen Iwan Pawlow als klassische Konditionierung benannt. Klassische Konditionierung ist eine Lerntheorie des Behaviorismus, die für alle Lebewesen gilt. Durch das Hinzufügen eines neuen Reizes oder Signals lernt das Individuum ein bestimmtes Verhalten.

Ein Beispiel für die klassische Konditionierung ist die Klingel. Anfangs ist das Klingeln für den Hund ein neutraler Reiz, da er noch nicht weiß, dass es Besuch ankündigt. Nach einigen Tagen hat Ihr Hund jedoch gelernt, dass jemand vor der Haustür steht, wenn es klingelt. Der Klingelton ist somit kein neutraler Reiz mehr, sondern hat nun eine Bedeutung erlangt und der Hund zeigt ggf. ein Verhalten: Bellen.

Der Clicker oder das Markerwort wird mithilfe der klassischen Konditionierung aufgebaut. Der Hund lernt, dass nach jedem Clickgeräusch eine Belohnung (z. B. ein Leckerli, Spielzeug oder Umweltbelohnungen) erfolgt. Der Clicker kündigt für den Hund etwas Gutes an. Anstelle des Clickers kann auch ein Markerwort konditioniert werden. Hier verwenden Sie anstelle des Clickgeräuschs ein Wort (z. B. Top, Tak oder Yes), was mit einer Belohnung verknüpft wird.

Der Clicker kann nun als Hilfsmittel für das Erlernen von neuem Verhalten verwendet werden. So fangen Sie mit dem Clicker erwünschtes Verhalten ein. Stellen Sie sich vor, der Clicker wäre eine Kamera und Sie drücken in dem Moment auf den Auslöser, wenn der Hund das richtige Verhalten zeigt. Nach mehreren Wiederholungen wird Ihr Hund verstehen, welches Verhalten sich für ihn lohnt, und er wird das erwünschte Verhalten häufiger zeigen.

Vor allem in Sportarten wie Agility ist ein zuverlässiges Belohnungssystem beim Erlernen und Überwinden von neuen Hindernissen von großer Bedeutung. Es ist jedoch wichtig, darauf zu achten, dass Ihr Hund keine extreme Aufregung mit dem Clicker verknüpft. Es sollte ruhig und gezielt gearbeitet werden. Wählen Sie beim Aufbau neuer Übungen passende Belohnungen, die Ihren Hund nicht in eine hohe Erregungslage versetzen. Für manche Hunde reicht bereits das Trockenfutter als Bestätigung aus. Zu besondere Belohnungen können den Hund von der eigentlichen Übung ablenken und seine Konzentration beeinträchtigen.

Der Clicker oder das Markerwort kann für manche Hunde eine wertvolle Motivation und Hilfestellung beim Erlernen bestimmter Fitnessübungen sein. Mithilfe des Clickers können Sie exakte Beinstellungen und Positionen Ihres Hundes bestätigen. In der Anfangsphase kann der Clicker eine gute Unterstützung für Sie und Ihren Hund sein. Sie lernen, gutes Verhalten besser zu erkennen und auf die richtigen Beinpositionen zu achten, die insbesondere bei Physioübungen wichtig sind. Vielleicht stecken Sie gerade bei einer Übung fest, weil Ihr Hund nicht versteht, was von ihm erwartet wird. Hier kann der Clicker der fehlende Faktor sein und beim Erlernen neuer Übungen helfen. Jeder Hund ist anders. Während manche Hunde gut ohne ein Markerwort auskommen, brauchen andere gegebenenfalls ein kleines Hilfsmittel. Probieren Sie aus, wie Ihr Hund am besten lernt.

Die Planung und Umsetzung eines Fitnessprogramms sind nie in Stein gemeißelt. Sie sollten Ihren Hund während des Trainings beobachten und den Trainingsplan entsprechend anpassen. Ein Fitnessprogramm sollte flexibel gestaltet werden, um es an die Bedürfnisse und den Alltag Ihres Hundes anzupassen. Die Tagesform Ihres Hundes spielt ebenfalls eine wichtige Rolle. Wenn Sie merken, dass Ihr Hund nicht in Topform ist, können Sie die Dauer der Übungen verkürzen oder mehr Pausen einlegen. Stellen Sie fest, dass Ihr Hund langfristig mit einer Übung nicht gut zurechtkommt, sollten Sie gegebenenfalls Rücksprache mit Ihrem Tierarzt oder Physiotherapeuten halten, um die Ursache herauszufinden. Vielleicht sind manche Fitnessübungen noch zu anspruchsvoll für Ihren Hund. Gehen Sie einen Schritt zurück und vereinfachen Sie die Übung. Achten Sie auf die Körpersprache und Schmerzreaktionen Ihres Hundes.

Muskeltraining für Ihren Hund

ANATOMIE UND MUSKELSYSTEM DES HUNDES

Anatomie bedeutet die Lehre vom Aufbau des Körpers. Lebewesen können sich mithilfe von Muskeln fortbewegen und Kraft ausüben. Daher sind Muskeln der wichtigste Faktor für die Fortbewegung und Gesundheit Ihres Hundes. Um ein gutes Muskeltraining zu gewährleisten, ist es wichtig, grundlegende Kenntnisse über die Anatomie und das Muskelsystem des Hundes zu haben. Dadurch können Sie ein gesundes Maß an Training und Belastung einführen und Veränderungen sowie Beschwerden im Bewegungsapparat frühzeitig erkennen.

Das Muskelsystem ist ein komplexes Gebilde aus miteinander verbundenen Strukturen und Bausteinen, die als großes Ganzes funktionieren und die Fortbewegung des Hundes ermöglichen. Die Muskeln sind über Sehnen am Knochen befestigt und sitzen hauptsächlich an den flachen Knochen, die die Bewegungen der Beine und Gelenke bestimmen. Hunde verfügen über verschiedene Muskeln, die für ihre körperliche Fitness von Bedeutung sind. Um die Auswirkungen von Muskeltraining und Fitnessübungen besser nachvollziehen zu können, werden Ihnen im Folgenden die wichtigen Muskelgruppen vorgestellt. Es wird erläutert, wie Muskeln arbeiten und wachsen, damit Sie einschätzen können, welche Muskeln bei verschiedenen Übungen beansprucht werden.

Wie Muskeln arbeiten und wachsen

Der gesamte Bewegungsapparat des Hundes umfasst Knochen, Gelenke, Muskeln und Nerven. Die Muskeln setzen sich aus Zellen zusammen, die auch als Muskelfasern bezeichnet werden. Sobald das Nervensystem ein Signal an die Muskeln sendet, werden die enthaltenen Proteine Aktin und Myosin in den Myofibrillen ausgetauscht. Dies hat zur Folge, dass sich die Muskeln zusammenziehen (kontrahieren) und entspannen. Jeder Muskel hat einen Ursprung oberhalb des Gelenkes und einen Ansatz unterhalb des Gelenkes. Erfolgt nun ein Signal an das Nervensystem, zieht sich der Muskel zusammen und verkürzt sich. Zwischen dem Ansatz und Ursprung eines Muskels befindet sich das Gelenk. Durch das Kontrahieren der Muskeln werden die Knochen automatisch näher aneinander gebracht und bewegen sich. Die Muskeln **beeinflussen somit die Bewegung der Gelenke und Gliedmaßen des Hundes.**

Definition: Myofibrillen
Ein Muskel besteht aus mehreren Muskelfaserbündeln, die wiederum aus verschiedenen Muskelfasern gebildet werden. Die Muskelfasern der quergestreiften Muskulatur enthalten Myofibrillen als kleinste Einheit eines Muskels, die für die Kontraktion und Entspannung von Muskeln verantwortlich sind. Diese Myofibrillen bestehen aus Sarkomeren, die unterschiedliche Proteine enthalten, wie zum Beispiel Aktin und Myosin, die für die Kontraktion eines Muskels entscheidend sind. Wenn der Muskel ein Signal aus dem Nervensystem erhält, verschieben sich Aktin und Myosin, wodurch der Muskel sich zusammenzieht. Dadurch bewegt sich der mit dem Muskel verbundene Knochen und der Hund kann sich fortbewegen.

Für den Muskelaufbau sollte Ihnen bewusst sein, dass die Muskeln erst während der Erholungsphase wachsen. Beim Training werden die Muskeln lediglich zum Wachstum angeregt. Dafür müssen die Muskeln über ihre normale Belastungsfähigkeit hinaus beansprucht werden. Es entstehen kleine Verletzungen und Risse im Muskel, die erst in der Ruhephase repariert werden und dadurch dicker werden. Wenn Sie Ihrem Hund ausreichend Ruhe und Schlaf gönnen, kann sich der Muskel regenerieren und wachsen. Ein gesundes und regelmäßiges Maß an Training ist der Schlüssel für einen nachhaltigen Muskelaufbau. Ohne einen festen und konsequenten Trainingsplan können die aufgebauten Muskeln schnell wieder abbauen. Da Muskeln aus Proteinen bestehen, sollten Sie für den Muskelaufbau auf eine ausgewogene Ernährung mit ausreichenden Proteinen und Kohlenhydraten achten.

Wichtige Muskelgruppen bei Hunden

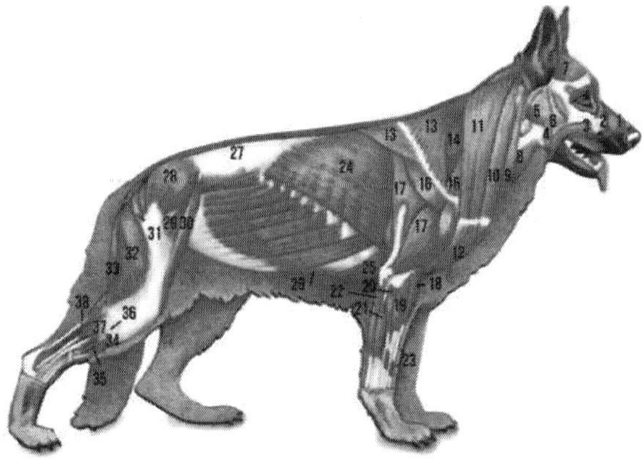

1. OBERLIPPENHEBER
2. KIEFERNASENMUSKEL
3. LIPPENSCHLIESSMUSKEL
4. BACKENMUSKEL
5. ÄUSSERER KAUMUSKEL
6. JOCHMUSKEL
7. SCHLÄFENMUSKEL
8. BRUSTZUNGENBEINMUSKEL
9. NIEDERZIEHER DER OHRMUSCHEL
10. BRUSTBEIN-KOPFMUSKEL
11. SCHLÜSSELBEIN-HALSMUSKEL
12. SCHLÜSSELBEIN-OBERAMMUSKEL
13. TRAPEZMUSKEL
14. UNTERER GEZAHNTER MUSKEL
15. SCHULTER-HALSMUSKEL
16. DELTAMUSKEL
17. DREIKÖPFIGER MUSKEL
18. ÄUSSERER SPEICHENMUSKEL
19. GEMEINSAMER ZEHENSTRECKER
20. SEITLICHER ZEHENSTRECKER
21. ÄUSSERER ELLBOGENSTRECKER
22. INNERER ELLBOGENSTRECKER
23. LANGER AUFWÄRTSZIEHER DES DAUMENS
24. BREITER RÜCKENMUSKEL
25. TIEFER BRUSTMUSKEL
26. GERADER BAUCHMUSKEL
27. ÄUSSERER SCHIEFER BAUCHMUSKEL
28. MITTLERER KRUPPENMUSKEL
29. SPANNER DER SCHENKELFASZIE
30. SCHNEIDEMUSKEL
31. OBERFLÄCHLICHER KRUPPENMUSKEL
32. ZWEIKÖPFIGEROBERSCHENKELMUSKEL
33. HALBSEHNIGER MUSKEL
34. VORDERER SCHIENBEINMUSKEL
35. LANGER ZEHENSTRECKER
36. LANGER WADENBEINMUSKEL
37. TIEFER ZEHENBEUGER
38. FERSENSEHNENSTRANG

Das Muskelgewebe wird in zwei Arten unterteilt: die quergestreifte Muskulatur und die glatte Muskulatur. Die quergestreifte Muskulatur wird durch das somatische Nervensystem willkürlich gesteuert. Dieses umfasst die Skelettmuskulatur und die Herzmuskulatur. Die glatte Muskulatur befindet sich in den Hohlorganen wie den Atemwegen, dem Darm und dem Magen sowie in den Blutgefäßwänden. Das vegetative Nervensystem kontrolliert die glatte Muskulatur unwillkürlich, um den Blutkreislauf und den Stofftransport im Körper zu lenken.

Das somatische und vegetative Nervensystem
Das Nervensystem bei Hunden wird in das zentrale Nervensystem und das periphere Nervensystem eingeteilt. Das zentrale Nervensystem besteht aus dem Gehirn und dem Rückenmark. Muskeln, Organe und die Haut gehören zum peripheren Nervensystem.

Außerdem wird das Nervensystem nach seinen Funktionen in das somatische Nervensystem und das autonome bzw. vegetative Nervensystem gegliedert. Das somatische Nervensystem ist für willkürliche Funktionen wie bewusste Bewegungsabläufe und motorische Fähigkeiten zuständig. Das vegetative Nervensystem ist für automatische Körperfunktionen (z. B. Herzschlag, Atmung, Verdauung, Blutdruck) verantwortlich.

Bänder, Faszien und Sehnen sind weitere wichtige Strukturen im Bewegungsapparat des Hundes. Sehnen sitzen am Ansatz und Ursprung eines Muskels. Sie sind für die Verbindung zwischen Muskeln und Knochen sowie Muskeln untereinander verantwortlich. Bei Anstrengungen übertragen sie den Muskelzug auf das Skelett und haben eine federnde Wirkung, sodass Bewegungsabläufe stattfinden können. Bänder verbinden zwei Knochen miteinander und stabilisieren Gelenke. Sie sind entscheidend für die Prävention von Verletzungen. Bänder begrenzen übermäßige Bewegungen und bestimmen ihren Umfang, um Verletzungen zu verhindern. Faszien sind Binegewebe, die Muskelgruppen oder Körperbereiche umhüllen und im gesamten Körper des Hundes vorkommen. Verklebte und versteifte Faszien sind bei vielen Schmerzpatienten die Ursache für Bewegungseinschränkungen.

Der Körper des Hundes wird in fünf Bereiche eingeteilt: Kopf, Hals, Rumpf (Rücken, Brust, Bauch, Becken), Schwanz und Gliedmaßen. Die wichtigsten Gruppen der Muskulatur sind die Rückenmuskulatur, die Hinter- und Vorderhandmuskulatur, die Bauchmuskulatur, die Hals- und Nackenmuskulatur, die Wadenmuskulatur sowie die Adduktoren. Muskeln werden abhängig von ihrer Funktion und Lage in Beuger, Strecker oder Dreher unterteilt.

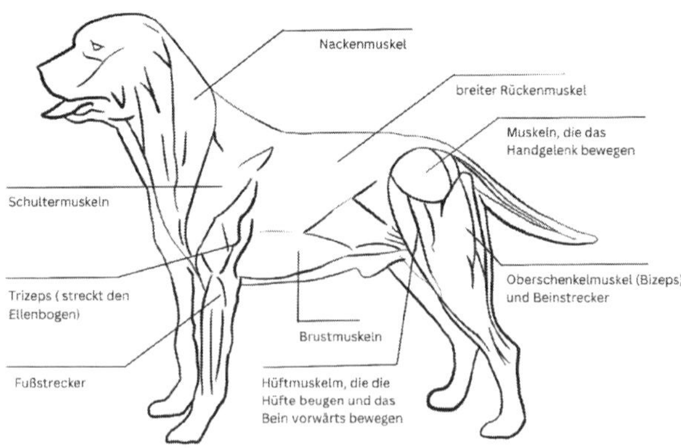

Die Hals- und Nackenmuskulatur

Die Hals- und Nackenmuskulatur spielt eine wichtige Rolle bei der Aufrechterhaltung des Kopfes. Dieser wird bei Bewegungen von der Hals- und Nackenmuskulatur ausbalanciert. Außerdem ermöglichen die Muskeln verschiedene Blickrichtungen, Rotationen und das Schnüffeln am Boden. Die wichtigsten Muskeln, die im Hals- und Nackenbereich liegen, sind der Nackenstreckmuskel, der Nackenbiegemuskel, der Genickbeugemuskel, der Schulterhebemuskel und der Musculus trapezius.

Die Rückenmuskulatur

Die Rückenmuskulatur sitzt entlang der Wirbelsäule. Sie wird in zwei Abschnitte unterteilt: die oberflächliche und die tiefe Muskulatur. Die oberflächliche Muskulatur setzt sich aus fünf Muskeln zusammen: Trapezmuskel, Musculus sternocleidomastoideus, Musculus omotransversarius, Musculus latissimus dorsi, Musculi pectorales superficiales. Diese sind für die Befestigung der Schultergliedmaße am Rumpf zuständig.

Die tiefe Rückenmuskulatur wird in ein laterales und ein mediales System unterteilt. Das laterale System besteht aus dem langen Rücken-, Hals- und Kopfmuskel (Musculus longissimus) und dem Rippenmuskel (Musculus iliocostalis). Zum medialen System gehören der Dornmuskel, der vielästige Muskel, Musculi transversospinales und die Dreher (Musculi rotatores).

Hinterhandmuskulatur

Die Hinterhandmuskulatur ist stärker ausgeprägt als die der Vorderbeine, da sie in der Bewegung die zentrale Rolle spielt. Die Muskeln der hinteren Beine können in vier Gruppen eingeteilt werden: die Kniegelenkmuskulatur, die Hüftgelenkmuskulatur, die Sprunggelenkmuskulatur und die Zehengelenkmuskulatur.

Für die Mobilisierung des Kniegelenks sind zwei Muskeln verantwortlich: der vierköpfige Oberschenkelmuskel (Musculus quadriceps femoris) und der Kniekehlmuskel (Musculus popliteus). Auch die Hüftgelenkmuskeln beeinflussen das Kniegelenk. Der Musculus quadriceps femoris streckt das Kniegelenk, beugt die Hüfte und befindet sich an der Vorderseite des Oberschenkels. Außerdem festigt er die hinteren Gliedmaßen mitsamt dem Kniegelenk. Die vier Muskelköpfe (Musculus rectus femoris, Musculus vastus lateralis, Musculus vastus intermedius, Musculus vastus medialis) des Kniegelenkstreckers formen das Kniescheibenband und sind am Schienbein befestigt. Die Kniescheibe, auch Patella genannt, liegt im geraden Kniescheibenband.

Das Hüftgelenk hat eine bedeutsame Funktion für die Vorwärtsbewegung. Diese wird hauptsächlich von der Hüftmuskulatur ausgeführt. Die Hüftgelenkmuskeln ziehen sich bis in das Knie- und Sprunggelenk, die beim Vorwärtsgehen ebenfalls mitbewegt werden. Die Hüftgelenkmuskulatur besteht aus den Hinterbackenmuskeln, den tiefen Hüftmuskeln, den äußeren Hüft- und Kruppenmuskeln und den nach innen gerichteten Oberschenkelmuskeln. Die Kruppenmuskeln gehören zu den kräftigsten Muskeln des Bewegungsapparates des Hundes und beeinflussen die Streckung der Hüfte. Weitere Muskeln, die für die Streckung und das Abspreizen des Hüftgelenks zuständig sind, sind die tiefen und oberflächlichen Kruppenmuskeln, der birnenförmige Muskel und der Spanner der Schenkelfaszie. Die Harmstrings bzw. die Hinterbackenmuskeln (Musculus biceps femoris, Musculus abduktor cruris caudalis, Musculus semitendinosus, Musculus semimembranosus) befinden sich im oberen Teil des Oberschenkels und sind für die Bewegung des Hüft-, Knie- und Sprunggelenks verantwortlich. Die Adduktoren sind die inneren Oberschenkelmuskeln, die neben dem Becken liegen. Sie bringen das Hüftgelenk in Gang. Zu den Adduktoren gehören der oberflächliche Einwärtszieher, der Kammmuskel, die Einwärtszieher Musculi adductores, Musculus adductor longus, brevis und magnus und der Musculus sartorius. Der Kammmuskel spielt eine wichtige Rolle bei Gelenkerkrankungen wie der Hüftgelenksdysplasie. Ohne den Kammmuskel wird das Hüftgelenk nicht ausreichend stabilisiert, da er den Oberschenkel in das Hüftgelenk drückt und somit die Einwärtsziehung beeinflusst.

Der Wadenmuskel Musculus gastrocnemius befindet sich an der Rückseite des Unterschenkels und ist für die Bewegung und Stabilisierung des Sprunggelenks verantwortlich. Das Sprunggelenk wird durch vier Seitenbänder stabilisiert. Der Wadenmuskel geht in die Achillessehne über, was die Wadenmuskulatur mit dem Fersenbein verbindet.

Vorderhandmuskulatur

Die Vorderbeine sind durch Muskeln, Sehnen und Faszien synsarkotisch mit dem Rumpf verknüpft. Die synsarkotischen Verbindungen befinden sich anstelle von Gelenken zwischen den Knochen. Das bedeutet, dass die Vordergliedmaße des Hundes ausschließlich durch Muskeln am Rumpf befestigt sind. Die Muskulatur der Vordergliedmaße wird auch als Schultergürtelmuskulatur bezeichnet. Sie besteht aus dem breiten Rückenmuskel (Musculus latissimus dorsi), dem Schulter-Hals-Muskel (Musculus omotransversarius), den oberflächlichen Brustmuskeln (Mm. pectorales superficiales), dem tiefen Brustmuskel (Musculus pectoralis profundus), dem Trapezmuskel (Musculus trapezius), dem ventralen gezahnten Muskel (Musculus serratus ventralis), dem Musculus subclavius, dem Musculus sternocleidomastoideus und dem Rautenmuskel (Musculus rhomboideus). Die Schulter bildet sich aus dem Schultergelenk, den lateralen und medialen Schultermuskeln, den Muskeln des Ellbogengelenks, den Muskeln des Vorderfußwurzelgelenks und den Muskeln der Vorderzehen zusammen.

Hinterpfote **Vorderpfote**

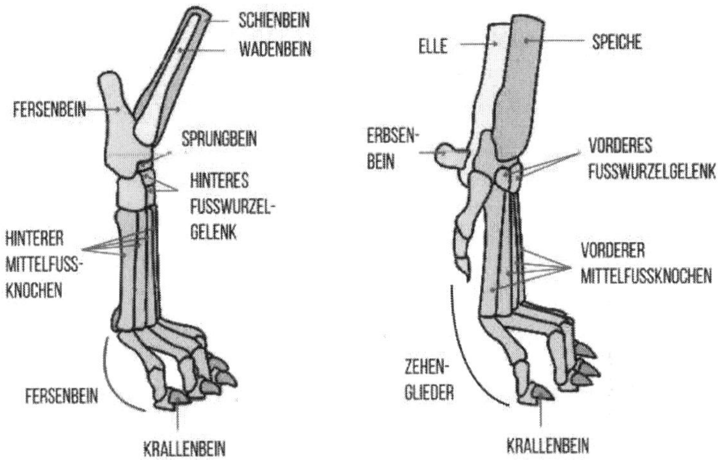

Die Bauchmuskulatur

Die Bauch- und Rückenmuskulatur sind eng miteinander verknüpft. Die Bauchmuskulatur dient zum Ausgleich der Rückenmuskulatur und besteht aus dem äußeren und inneren schrägen Bauchmuskel, dem Querbauchmuskel und dem geraden Bauchmuskel (Rektus abdominis). Der gerade Bauchmuskel verläuft durch die Mitte der Bauchwand und beeinflusst die Beugung der Wirbelsäule sowie die Hebung des Oberkörpers.

Anatomische Besonderheiten bei verschiedenen Hunderassen

Im Hundesport sollten Halter von Hunderassen mit anatomischen Besonderheiten sich den gesundheitlichen Beeinträchtigungen bewusst sein. Der Körperbau mancher Hunde ist nicht für Extremsportarten geeignet und bei einigen Hunden können selbst leichte Fitnessübungen unter bestimmten Bedingungen zu einem Hitzeschlag führen. Die Gefahr solcher Ereignisse sollte von Hundehaltern nicht unterschätzt werden. Im schlimmsten Fall kann übermäßiges Training bei Qualzuchtrassen zum Tod führen. Daher ist es wichtig, dass Sie sich über mögliche anatomische Besonderheiten informieren und abklären, ob Ihr Hund beeinträchtigt ist.

Der anatomische Unterschied zwischen kleinen und großen Hunden bringt verschiedene gesundheitliche Auswirkungen mit sich, die sich auf die Durchführung von Hundesportarten und Fitnessübungen auswirken können. Der Trend zur Verkleinerung und Verniedlichung von Hunden bedeutet auch, dass sich die Anatomie verändert. Dies bleibt nicht ohne gesundheitliche Einschränkungen für den Körperbau.

Kleine Hunde haben leichte und feine Knochen, um ihren kleinen Körper zu stützen. Die kleinen Gelenke tragen das geringe Körpergewicht und die Herzfrequenz ist aufgrund des kleinen Herzens, das das Blut mit höherem Druck durch den Körper pumpt, ebenfalls erhöht. Kleine, falsch ausgerichtete Gelenke und flache Gelenkpfannen sowie anatomisch und genetisch bedingte Fehlstellungen und Ungleichförmigkeiten sind bei kleinen Hunden häufig das Ergebnis einer Zucht auf Minimalgröße. Dies kann zu Gelenkerkrankungen wie der Patellaluxation führen, bei der die Kniescheibe aus ihrer normalen Position in der Führungsrinne springt. Häufig betroffene Hunderassen sind der Chihuahua, der Pekinese, der Zwergpudel, der Yorkshire Terrier, die französische Bulldogge und der Malteser.

Die Anatomie großer Hunde ist darauf ausgelegt, zusätzliches Gewicht zu tragen. Deshalb haben sie schwere und starke Knochen und Gelenke. Die große Brusthöhle ermöglicht eine tiefere Atmung und der langsamere Herzschlag dient zum Bluttransport im Körper. Aufgrund ihrer Größe und ihres Gewichts sind große Hunde anfälliger für Gelenkerkrankungen wie die Hüftgelenkdysplasie oder die Ellenbogengelenkdysplasie. Bei der Hüftdysplasie sitzt der Oberschenkelknochen instabil in der Hüftpfanne. Hüftdysplasie kann genetisch bedingt sein oder durch eine fehlerhafte Entwicklung des Hüftgelenks während der Wachstumsphase entstehen. Größere Hunde sind aufgrund des schnelleren Wachstums und der stärkeren Belastung und Abnutzung der Gelenke anfälliger für diese Erkrankungen als kleine Hunde. Dazu gehören große Hunderassen wie der Golden und Labrador Retriever, die Dogge, der Berner Sennenhund, der Boxer, der Rottweiler, der Deutsche Schäferhund und der Bernhardiner.

Große Hunde können schneller an Arthrose erkranken als kleine Hunde, da ihre Gelenke und Knochen ein höheres Gewicht tragen müssen. Allerdings sind nicht alle großen Hunde von derartigen Gelenkerkrankungen betroffen. Ebenso ist nicht auszuschließen, dass auch kleine Hunde an Arthrose erkranken. Die Veranlagung zu Gelenkerkrankungen und Arthrose kann von Hund zu Hund unterschiedlich ausgeprägt sein. Häufig spielen die Größe und Anatomie des Hundes eine Rolle, aber auch genetische Bedingungen, Bewegung, Ernährung, Gewichtsmanagement und Wachstum beeinflussen Gelenkprobleme.

Brachycephale Hunderassen haben einen kleinen Schädel und ein flaches Gesicht mit einer kurzen Nase. Die Anatomie solcher Rassen kann zu gesundheitlichen Risiken führen, wie zum Beispiel zu Atemproblemen, Ohnmacht, Überhitzung oder Erstickungsanfällen. Aufgrund ihres Schädels können brachycephale Hunderassen leider nicht ausreichend hecheln, was dazu führt, dass sie im Sommer und bei sportlichen Aktivitäten ihre Körpertemperatur nicht regulieren können und empfindlich auf Hitze reagieren. Sie müssen die Intensität der Fitnessübungen unbedingt an die körperlichen Konditionen Ihres Hundes anpassen. Zu den brachycephalen Hunderassen gehören beispielsweise der Mops, die Französische Bulldogge, die Englische Bulldogge, der Shih Tzu, der Cavalier King Charles Spaniel, der Boston Terrier, der Bullmastiff und der Boxer.

Im Gegensatz zur Brachycephalie beschreibt Dolichocephalie Hunderassen mit einem langen, schmalen Schädel. Diese Hunde haben meist auch lange Beine und einen langen Rücken, was eine hohe Geschwindigkeit ermöglicht. Windhunde wie der Greyhound, der Afghanische Windhund, der Irish Wolfhound und der Whippet wurden ursprünglich für die Jagd gezüchtet und erfüllen deshalb die Kriterien der dolichocephalen Hunderassen. Sie haben einen tiefen Brustkorb, hohe und lange Beine sowie einen langen Hals und Kopf. Windhunde erreichen hohe Geschwindigkeiten durch ihren perfektionierten Bewegungsablauf bei der Jagd. Dabei berührt ihre Hinterhandmuskulatur vor den Vorderbeinen den Boden.

Sicherheit und Vermeidung von Verletzungen

In jeder Sportart sollte die Sicherheit der Sporttreibenden an erster Stelle stehen. Dazu gehören die Verletzungsprävention, Selbstwirksamkeit sowie das rechtzeitige Erkennen von Überforderung, Schmerzen und Ermüdung. Vor dem Training sollten Sie darauf achten, dass die Bedürfnisse Ihres Hundes erfüllt sind. Er sollte seine Geschäfte erledigt haben, ausreichend Bewegung und Schlaf gehabt haben und nicht hungrig sein. Wenn die Bedürfnisse Ihres Hundes nicht befriedigt werden, kann dies zu Konzentrationsschwierigkeiten führen, wodurch es schnell zu Verletzungen kommen kann. Der wichtigste Faktor zur Vermeidung von Verletzungen ist das Aufwärmen und Abkühlen. Ein kalter Körper mit steifen Muskeln ist nicht in der Lage, einen ausreichenden Schutz vor Verletzungen im Falle einer plötzlichen körperlichen Anstrengung zu bieten. Aufgewärmte Muskeln können den Körper hingegen unterstützen und helfen Ihrem Hund, Höchstleistungen zu erbringen.

Aufwärmübungen – „Warm-up"

Nachdem Sie sichergestellt haben, dass sich Ihr Hund vor dem Training gelöst hat und seine Bedürfnisse erfüllt sind, können Sie mit dem Aufwärmen beginnen. Beachten Sie, dass es sich bei den folgenden Übungen um kurze Einheiten handelt. Sie dienen lediglich dazu, den Körper des Hundes aufzuwärmen und seine Muskeln zu lockern, damit er sich gut auf das bevorstehende Training vorbereitet fühlt. Das Aufwärmen ist ein wichtiger Teil des Trainings, es sollte allerdings nicht den Hauptbestandteil ausmachen. Achten Sie dementsprechend darauf, dass Ihr Hund nicht seine gesamte Energie während der Aufwärmübungen verbraucht. Das Warm-up sollte gut strukturiert sein und in Ruhe stattfinden. Vermeiden Sie lange Pausen zwischen den Übungen, da sich der Körper andernfalls schnell wieder abkühlt. Das Aufwärmen sollte dementsprechend kurz vor dem Training stattfinden. Darüber hinaus können Sie die Aufwärmübungen spezifisch für das Training oder Ihre Sportart gestalten. Je nach Sportart werden bestimmte Muskelgruppen mehr beansprucht als andere. Es hat sich bewährt, die Muskeln vorzubereiten, die für das Training besonders gefordert werden. Für Muskeltraining sollten Sie den Fokus auf die Muskelaufwärmübungen legen. Möchten Sie die Muskulatur des Rückens trainieren, können Sie mehr Dehnübungen in das Warm-up integrieren. Grundsätzlich sollten Sie sich maximal 10 Minuten für das Aufwärmen Zeit nehmen. Beachten Sie, dass es sich hier nur um Richtwerte handelt. Ein Warm-up sollte an den individuellen Trainingsstand, das Alter und die Gesundheit des Hundes angepasst werden.

Das Aufwärmen kann sowohl zuhause stattfinden oder Sie können es in eine kurze Gassirunde integrieren. Während des Spaziergangs kann sich Ihr Hund schon einmal warmlaufen, indem Sie Schritt- und Trabeinheiten planen. Dies bietet sich gut in einem Kreis an, damit Sie die Gangarten in beide

Richtungen üben können. Sie können für eine Gangart jeweils drei Runden machen. Eine weitere Möglichkeit ist die Verkleinerung des Kreises. Starten Sie mit einem großen Kreis und lassen Sie ihn mit jeder Runde kleiner werden. Dies aktiviert gleichzeitig die Beweglichkeit der Wirbelsäule. Nachdem Sie jede Gangart in beide Richtungen gelaufen sind, können Sie eine weitere Runde mit Geschwindigkeitswechsel durchführen. Wechseln Sie von Schritt zu Trab und umgekehrt. Diese Übung ist unverzichtbar und sollte bei jedem Warm-up der erste Schritt sein.

Gangarten und Positionen

Schritt: Schritt gehört zu den drei Grundgangarten. Hier setzt der Hund alle vier Pfoten einzeln auf den Boden und sie werden auch einzeln angehoben. Dabei befinden sich 2 bis 3 Beine auf dem Boden. Schritt ist für den Hund keine natürliche Gangart. In der Natur findet die Fortbewegung hauptsächlich im Trab statt. Daher fällt es vielen Hunden schwer, im Schritt zu gehen. Eine bewusste Trainingseinheit im Schritt kann für Ihren Hund sehr anstrengend sein, vor allem, wenn es vorher nie gezielt geübt wurde. Ihr Hund braucht ein gutes Körpergefühl, um konzentrierte Schrittbewegungen zu machen.

Trab: Trab ist die zweite Grundgangart. Der Hund hebt oder setzt zwei Beine diagonal gleichzeitig. Das bedeutet, dass zwei Beine auf dem Boden sind und die anderen zwei in der Luft.

Galopp: Die letzte Gangart ist der Galopp. Es ist für den Hund die schnellste Möglichkeit, sich fortzubewegen. Der Hund hat entweder keine Beine, ein Bein, zwei Beine oder drei Beine auf dem Boden.

Passgang: Beim Passgang bewegt der Hund seine Vorder- und Hinterbeine einer Körperseite gleichzeitig nach hinten oder vorne, sodass der Körperschwerpunkt während des Laufens im ständigen Wechsel ist. Der Passgang kann bei Hunden ein Indiz für eine Erkrankung des Bewegungsapparates sein und sollte tierärztlich geprüft werden. Ein abwechselnder Gang zwischen Passgang und normalem Schritt deutet auf eine Schonhaltung aufgrund einer Erkrankung hin. Wenn der Hund den Passgang schon von Welpenalter zeigt, ist es in den meisten Fällen seine natürliche Gangart. Manche Hunde zeigen den Passgang auch im Übergang vom Schritt zum Trab. Es ist jedoch zu empfehlen, einen Tierarzt aufzusuchen, um Erkrankungen abzuklären und auszuschließen.

Welpensitz: Den Welpensitz kann man häufig bei Junghunden und Welpen aufgrund mangelnder Muskulatur beobachten. Dabei sitzt der Hund schief, indem er sich auf eine Gesäßhälfte setzt und das andere Bein nach außen dreht oder zur Seite streckt. Besitzt der Hund nicht ausreichende Muskulatur oder leidet er an Gelenkerkrankungen, können auch erwachsene Hunde diese Sitzposition wählen, um Ihre Gelenke zu schonen. Dies kann sich jedoch negativ auf die Rücken- und Bauchmuskulatur, die Bandscheiben und die Gelenke auswirken. Deswegen ist der korrekte Sitz besonders wichtig und sollte vor allem bei Physio- und Fitnessübungen unbedingt korrigiert werden.

Für die Muskelaufwärmung bietet sich die Steh-Sitz-Platz-Übung an. Bringen Sie Ihren Hund zunächst in die Sitzposition. Vom Sitz lassen Sie Ihren Hund nun ins Platz gehen und daraufhin ins Steh. Sie können diese Übung mehrmals wiederholen und variieren, z. B. Platz – Steh – Sitz – Steh – Platz – Sitz – Steh. Somit werden die Gelenke und Muskeln bewegt und gelockert. Als Alternative können Sie die Vorderpfoten Ihres Hundes an einer Mauer oder an Ihnen aufstellen lassen. Dies wärmt nicht nur die Muskeln auf, sondern dehnt auch die Hüfte.

Dehnübungen beim Aufwärmen sind für die Beweglichkeit und Elastizität der Muskeln wichtig. Die Vorderbeine können Sie dehnen, indem Sie das Signal „Pfötchen" und „High Five" durchführen. Dadurch werden die Vordergliedmaßen in unterschiedlichen Höhen gedehnt. Die Hals- und Nackenmuskulatur können Sie aufwärmen, indem Sie ein Leckerchen oder Trockenfutter vor der Nase Ihres Hundes bewegen. Achten Sie darauf, dass Ihr Hund diese Übung im Stehen durchführt. Er sollte den Bewegungen Ihrer Hand mit seinem gesamten Kopf und Nacken folgen. Sie können das Leckerchen in jede Richtung – oben, unten, links und rechts – bewegen. Führen Sie diese Übung nicht zu schnell durch, sondern geben Sie Ihrem Hund Zeit, damit er gezielt seinen Hals und Nacken bewegt. Zu schnelle und ruckartige Bewegungen können Verletzungen oder Versteifungen begünstigen. Für das Aufwärmen der Wirbelsäule und des Rückens gibt es auch verschiedene Übungen. Lassen Sie Ihren Hund Slalom in beide Richtungen durch die Beine laufen. Draußen können Sie ihn einen Baum oder eine Laterne umkreisen lassen. Alternativ können Sie Ihren Hund um Sie herumlaufen lassen. Eine weitere Übung ist die Drehung um die eigene Achse.

Warm-up-Übungen

- Warmlaufen während des Spaziergangs (Schritt- und Trabeinheiten im Kreis)
- Steh-Sitz-Platz-Übungen
- Männchen-Machen
- High Five
- Pfote geben
- Leckerli mit dem Kopf und Nacken folgen
- Slalomlaufen und Drehungen

Abkühlübungen – „Cool-down"

Nach einem intensiven Training ist es wichtig, dass sich Ihr Hund erholt und seine Muskeln wachsen können. Geben Sie Ihrem Hund genügend Zeit, sein Herz-Kreislauf-System zu normalisieren und das Training zu verarbeiten. Wenn das Training beispielsweise auf dem Hundeplatz stattfindet, sollten Sie Ihren Hund nicht sofort ins Auto setzen und nach Hause fahren. Die Abkühlübungen sollten nach dem Training durchgeführt werden und zwischen 5 und 20 Minuten dauern. Kündigen Sie das Ende des Trainings bzw. den Anfang der Abkühlübungen mit einem Signal an (z. B. „Ende", „Pause"). Somit kann sich Ihr Hund auf das Cool-down vorbereiten und den Leistungsmodus leichter abschalten. Die Dauer des Erholungszeitraumes hängt von dem Leistungsstand Ihres Hundes ab. Ein gut durchtrainierter Hund kann sich nach dem Training schneller erholen und erreicht möglicherweise bereits nach 5 Minuten seinen Ruhezustand.

Den Normalzustand nach dem Training können Sie mithilfe der Atemzüge oder Herzschläge messen. Nach spätestens 20 Minuten sollte sich die Puls- und Atemfrequenz wieder regulieren. Je nach Trainingsstand Ihres Hundes können sich seine Körpertemperatur und sein Herz-Kreislauf-System schneller erholen. Wenn Ihr Hund länger als 20 Minuten zur Erholung benötigt, war das Training wahrscheinlich zu anspruchsvoll für Ihren Hund. Beim nächsten Mal sollten Sie dann das Training gegebenenfalls leichter gestalten oder verkürzen. Anzeichen von Überforderung und Müdigkeit werden Ihnen im Verlauf des Kapitels erläutert.

Im Ruhezustand atmet ein erwachsener Hund etwa 15- bis 30-mal pro Minute. Ein Welpe macht ca. 10 bis 30 Atemzüge pro Minute. Kleine Hunde atmen in der Regel schneller als große Hunde. Senioren atmen meistens langsamer mit etwa 14 bis 17 Atemzügen pro Minute. Die Herzfrequenz von großen Hunden beträgt 70 bis 100 Schläge pro Minute, während sie bei kleinen Hunden bei 100 bis 130 Schlägen liegt. Welpen haben eine Herzfrequenz zwischen 100 und 120 Schlägen pro Minute, während ältere Hunde einen Puls von 70 bis 80 Schlägen haben. Um den Puls zu messen, können Sie den Puls an der Innenseite der Hinterbeine spüren, wo eine große Arterie liegt. Diese können Sie gut erfühlen. Optimal ist es, wenn Ihr Hund während der Messung auf der Seite liegt. Halten Sie Ihre Fingerspitzen für 15 Sekunden auf die Arterie an der Innenseite des Hinterbeins. Bei kleinen Hunden können Sie auch versuchen, den Puls an der Brust zu messen. Multiplizieren Sie das Ergebnis mit 4. Sie können den Puls auch für 30 Sekunden zählen und verdoppeln. Beachten Sie, dass ein hechelnder Hund schneller atmet und die Messung der Atemfrequenz daher unzuverlässig sein kann. Die Körpertemperatur und die Erholungszeit sind auch von den Wetterbedingungen abhängig. Im Sommer benötigt Ihr Hund aufgrund der heißen Außentemperaturen wahrscheinlich mehr Zeit, um seine Körpertemperatur zu regulieren. Im Winter können Sie beim Cool-down Ihren Hund mithilfe eines Mantels unterstützen, damit er nicht zu schnell auskühlt und langsam seine Wärme abgibt. Um den Normalzustand der Atemzüge und der Herzfrequenz Ihres Hundes herauszufinden, können Sie mithilfe einer Tabelle die Werte Ihres Hundes für mehrere Tage hinweg aufzeichnen. Messen Sie Ihren Hund jeweils morgens, mittags und abends, wenn er ruht. Nach einigen Tagen sollte sich ein Durchschnittswert ergeben. Orientieren Sie sich während des Cool-downs an dem individuellen Ruhezustand Ihres Hundes.

Atemfrequenz pro Minute im Ruhezustand
Welpe: 10 bis 30 Atemzüge
Erwachsener Hund: 15 bis 30 Atemzüge
Senioren: 14 bis 17 Atemzüge
Je kleiner der Hund, desto schneller die Atemfrequenz.

Herzfrequenz pro Minute im Ruhezustand
Welpe: 100 bis 120 Schläge
Große Hunde: 70 bis 100 Schläge
Kleine Hunde: 100 bis 130 Schläge
Senioren: 70 bis 80 Schläge

Für das Cool-down gibt es zahlreiche Übungen, die Sie individuell auf Ihren Hund anpassen können. Zuerst sollten Sie ein leichtes Austraben oder Schrittlaufen durchführen, um den Kreislauf Ihres Hundes langsam wieder herunterzufahren. Dafür sollten Sie 10 Minuten einplanen. Anschließend können Sie Leckerchen auf den Boden streuen, damit Ihr Hund danach suchen kann. Schnüffeln trägt zur Entspannung bei, hilft, Stress abzubauen, und lastet den Hund mental aus. Außerdem ist es eine gute Möglichkeit, das Training abzuschließen.

Bei einer Abkühlroutine sollten Dehnübungen nicht fehlen. Sie tragen dazu bei, dass die Muskeln langfristig flexibel bleiben und nicht versteifen. Eine geeignete Übung ist der herabschauende Hund, den Sie eventuell als Yoga-Position kennen. Hunde zeigen diese Vorderkörpertiefstellung beispielsweise als Spielaufforderung („Play Bow"), wenn Sie mit Artgenossen in Kontakt treten. Dabei liegen die Vorderbeine des Hundes flach auf dem Boden, die Hinterbeine stehen gerade und das Gesäß ist nach oben gestreckt. Der Hund soll sich mit dem vorderen Körperbereich nach unten beugen und dabei gedehnt werden. Sie können diese Übung mit einem Leckerli aufbauen, das Sie zwischen die Vorderpfoten Ihres Hundes legen. Sobald sich Ihr Hund mit dem Oberkörper nach unten streckt, wird er belohnt. Wenn Ihr Hund diese Position zuverlässig zeigt, können Sie ein Signal (z. B. „Beugen") hinzufügen und das Leckerli zwischen den Pfoten entfernen.

Eine weitere Dehnübung ist die Streckung der Hüfte. Der Hund steht dabei mit gestreckten Hinterbeinen auf dem Boden. Die Vorderbeine kann er auf einer Mauer, einem Baum oder auf Ihren Beinen ablegen. Für diese Übung können Sie ein Signal aufbauen oder Sie lassen Ihren Hund die Dehnung passiv ausführen, indem Sie z. B. Leckerlis in einem Baumstamm verstecken. Auf diese Weise streckt sich Ihr Hund automatisch nach oben und dehnt seine Hüfte und die Rückenmuskulatur. Das Schnüffeln trägt zur Beruhigung bei und hilft Ihrem Hund, sich zu entspannen. Alternativ kann Ihr Hund auch die Hinterbeine ablegen, falls ihm diese Übung noch schwerfällt.

Ähnliche Dehnübungen können Sie mithilfe eines Leckerchens durchführen. Dafür muss Ihr Hund auf allen vier Pfoten aufrecht stehen und nach vorne schauen. Setzen Sie sich seitlich hinter den Hund. Nehmen Sie nun ein Leckerli in die geschlossene Hand und halten Sie diese vor die Nase Ihres Hundes. Nun führen Sie Ihre Hand von oben zum Knie des Hundes. Der Kopf des Hundes sollte dem Leckerli in Ihrer Hand folgen, sodass seine Hals- und Rückenmuskulatur gedehnt werden. Achten Sie darauf, dass sich nur Kopf und Hals Ihres Hundes nach hinten zum Knie bewegen. Der restliche Körper sollte weiterhin gerade nach vorne stehen. Zur Unterstützung können Sie mit der anderen Hand Ihren Hund am Bauch festhalten. Belohnen Sie Ihren Hund, sobald er die Position erreicht. Danach können Sie die Dauer erhöhen, indem Sie im Kopf bis 3 zählen.

Führen Sie Ihre Hand nun in Richtung Boden zur hinteren Pfote des Hundes. Durch diese Dehnübung beugt der Hund seinen Oberkörper nach unten. Denken Sie daran, die Dehnübungen auf beiden Seiten durchzuführen.

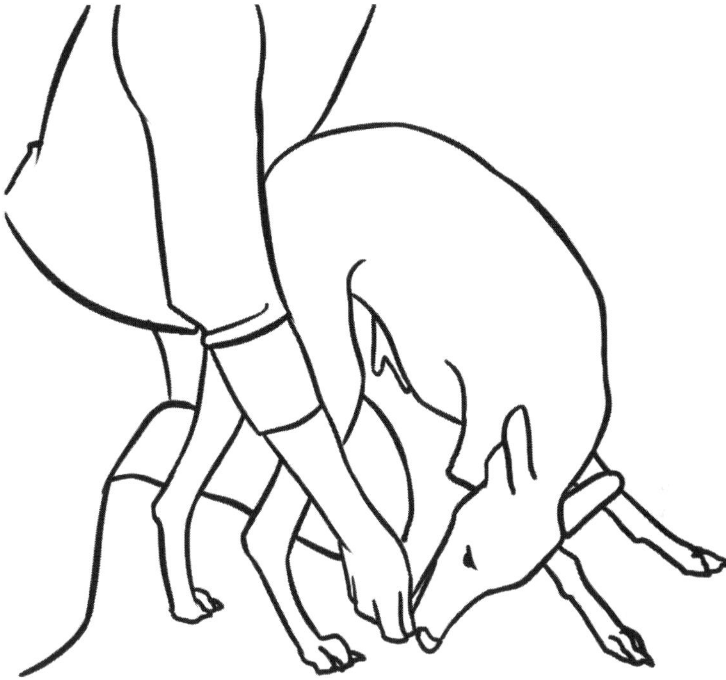

Manche Hunde können bei Übungen dieser Art schnell Frust entwickeln, da sie an das Leckerli gelangen möchten. Führen Sie die Bewegungen langsam aus, vermeiden Sie Unruhe und etablieren Sie ein Signal (z. B. „Ok", „Frei"), bei dem Ihr Hund weiß, dass er nun das Leckerli fressen darf. Alternativ können Sie einen Handtouch aufbauen. Dies kann Ruhe in die Übung bringen und Sie brauchen kein Leckerli in der Hand halten.

Anleitung: Der Handtouch

Bei dem Handtouch lernt der Hund, mit seiner Nase die Hand des Menschen zu berühren, dieser zu folgen und länger in einer bestimmten Position zu bleiben.

1. Schritt:
Setzen Sie sich zu Ihrem Hund auf den Boden. Nehmen Sie ein Leckerli und stecken Sie es zwischen Daumen und Handfläche. Halten Sie Ihrem Hund nun die Hand hin. Nähert sich Ihr Hund der Handfläche, belohnen Sie ihn entweder mithilfe eines Markerwortes (bzw. Clickers) oder geben ihm das Leckerli einfach. Wiederholen Sie dies mehrmals.

2. Schritt:
Nun belohnen Sie den Hund, sobald er mit der Nase die Handfläche berührt. Wiederholen Sie dies mehrmals. Zeigt Ihr Hund dieses Verhalten zuverlässig, können Sie das Leckerli aus Ihrer Hand entfernen. Halten Sie die Handfläche vor Ihren Hund. Sobald er mit seiner Nase die Hand berührt, geben Sie das Leckerli aus Ihrer anderen Hand.

3. Schritt:
Führen Sie nun das Signal (z. B. „Touch“, „Stups“, „Hand“) ein, bevor Sie die Hand vor Ihren Hund halten. Sie sagen das Signalwort, halten die Hand in die Luft, Ihr Hund berührt die Nase und Sie belohnen das Verhalten. Somit lernt Ihr Hund, dass auf das Signal „Touch“ die Hand folgt. Üben Sie das Signal in verschiedenen Situationen und Umweltbedingungen, damit es sich festigt.

Dauer des Signals verlängern

Für viele Fitnessübungen ist es vorteilhaft, wenn die Nase Ihres Hundes die Handfläche für mehrere Sekunden berührt, damit er in der Position bleibt. Dies benötigen Sie zum Beispiel für Dehnübungen. Setzen Sie sich wie gewohnt vor Ihren Hund und halten Sie die Handfläche in die Luft. Halten Sie mit Ihrer anderen Hand das Leckerli hinter die Handfläche, damit es Ihr Hund nicht sieht. Geben Sie das Signal. Ihr Hund sollte die Handfläche nun mit seiner Nase länger berühren. Geben Sie ihm das Leckerli hinter Ihrer Handfläche und wiederholen Sie die Übung. Belohnen Sie anfangs jede Sekunde, in der Ihr Hund mit seiner Nase die Handfläche länger berührt. Sobald Ihr Hund etwa 5 Sekunden mit der Nase an Ihrer Handfläche bleibt, können Sie das Leckerli hinter der Handfläche weglassen und das Signal weiter festigen. Es ist wichtig, dass Sie ein Auflösekommando etablieren. So weiß Ihr Hund Bescheid, wann er die Nase wieder von der Hand entfernen darf.

Der Hand folgen

Sobald Ihr Hund das Signal zuverlässig und auf Dauer ausführen kann, können Sie ihm beibringen, der Hand mit seiner Nase zu folgen. Stellen Sie sich vor Ihren Hund und geben Sie das Signal. Bewegen Sie nun in langsamen Schritten Ihre Hand vom Hund weg und belohnen Sie sofort Ihren Hund, wenn er der Hand folgt. Belohnen Sie jeden kleinen Schritt, mit dem der Hund Ihrer Hand folgt, bis Sie sich zusammen mit Ihrem Hund während des Touchsignals bewegen können.

Achtung!
Achten Sie darauf, dass Sie die Hand nicht in Richtung Nase führen. Ihr Hund soll selbstständig lernen, dass er seine Nase zur Hand bewegen muss. Geben Sie Ihrem Hund ausreichend Zeit, das Signal zu verstehen, und gehen Sie lieber einen Schritt zurück, wenn Ihr Hund zögert oder nicht weiß, was er machen soll. Belohnen Sie Ihren Hund genau in dem Moment, wenn die Hundenase Ihre Hand berührt. Achten Sie beim Erlernen neuer Signale auf eine ruhige und gewohnte Umwelt ohne Ablenkungen. Zeigt Ihr Hund kein Interesse an dem Futter, müssen Sie eventuell ein hochwertigeres Leckerli wählen. Das Gleiche gilt, wenn Ihr Hund zu fokussiert auf das Futter ist und sich nicht konzentrieren kann. Dann sollten Sie die hochwertigen Leckerlis mit Trockenfutter tauschen.

Bedeutung und Verwendung des Signals

Der Handtouch ist ein vielseitiges Signal, das Sie nicht nur bei Hundefitnessübungen einsetzen können. Im Alltag können Sie mithilfe des Handtouches Ihren Hund in bestimmte Positionen führen (z. B. Seitenwechsel, Fuß, Leinenführigkeit), ihn zu Ihnen rufen oder es als Alternativverhalten in Gegenwart von Reizen (z. B. anderen Hunden) verwenden. Beim Tierarztbesuch kann der Handtouch auch ein tolles Werkzeug sein, um den Hund spielerisch in die gewünschte Position zu bringen. Außerdem kann es als Abbruchsignal dienen, wenn Ihr Hund unerwünschtes Verhalten zeigt.

Eine Massage der Muskulatur kann Ihrem Hund ebenfalls helfen, in den Ruhezustand zurückzukehren. Darüber hinaus bekommen Sie einen Spürsinn für die Muskulatur und können Veränderungen (z. B. Verletzungen, Verspannungen, Schmerzen) rechtzeitig erkennen. Wenn sich Ihr Hund in der Seitenlage befindet, können Sie mit einer flachen Hand langsam über den gesamten Körper streichen. Dies lockert die Muskeln und Faszien und beugt Versteifungen vor. Um die Muskulatur zu entspannen, legen Sie eine Hand unter den Oberarm und die andere auf den Oberarm. Rollen Sie nun langsam die Muskeln um den Oberarmknochen.

Cool-down-Übungen

- Auslaufen im Schritt und Trab (ca. 10 Minuten)
- Leckerlis auf den Boden streuen
- Vorderkörpertiefstellung (Verbeugen)
- Streckung der Hüfte
- Kopf zum Knie
- Kopf zur Pfote
- Massage

Anzeichen von Schmerzen, Überforderungen und Müdigkeit

Im Training ist es besonders wichtig, dass Sie als Hundehalter ein geschultes Auge für Schmerzen, Verspannungen, Überforderungen und Müdigkeit haben. Eine dauerhafte Schonhaltung überlastet und verspannt Muskeln, was zu Arthrose führen kann. Außerdem besteht das Risiko der Entwicklung eines Schmerzgedächtnisses. Durch die andauernde Reizung der Nervenbahnen, die den Schmerz durch den Körper leiten, kann es dazukommen, dass der Hund auch nach einer Behandlung der Schmerzursache noch Schmerzen verspürt. Hunde können Schmerzen teilweise durch eindeutige Signale zeigen, wie zum Beispiel das Ausweichen oder Entfernen während des Trainings. Manche Hunde zeigen Ihr Unwohlsein leider nicht sehr deutlich, weswegen Sie auch auf die feine Körpersprache Ihres Hundes achten sollten.

Im Alltag gibt es verschiedene Anzeichen dafür, dass Ihr Hund unter Schmerzen leidet. Zum einen sollten Sie Ihren Hund in der Bewegung beobachten. Fällt es Ihrem Hund sichtbar schwer, aufzustehen? Oder legt er sich nicht mehr gerne hin? Möchte er sich vielleicht nicht mehr hinsetzen oder sehen Sie ihn öfter im Welpensitz? Ein ständiger Wechsel der Schlaf- und Liegepositionen kann ein Anzeichen für Schmerzen sein, da der Hund Schwierigkeiten hat, eine Ruheposition zu finden, die ihm keine Schmerzen verursacht. Verweigerungen im Alltag werden oft mit Sturheit seitens des Hundes verwechselt, doch sie können auch ein Ausdruck von Schmerzen sein. Dazu zählen beispielsweise die Verweigerung von bestimmten Signalen und Tricks, Bewegungsunlust beim Spazierengehen, Vermeidungsverhalten beim Treppenlaufen, beim Springen ins Auto und beim Anziehen des Geschirrs oder Halsbandes. Das Sozialverhalten Ihres Hundes kann sich aufgrund von Schmerzen ebenfalls verändern, indem er den Kontakt zu Artgenossen vermeidet und bei Spielaufforderungen ausweicht. Achten Sie auf die Bewegungsabläufe Ihres Hundes. Hunde, die unter Schmerzen leiden, nehmen oft eine Schonhaltung beim Laufen ein, z. B. ein schiefer Gang mit Taktfehlern, Unreinheiten und Lahmheit, die Entlastung eines Beins oder der Passgang. Filmen Sie Ihren Hund aus verschiedenen Perspektiven in allen Gangarten. Indem Sie die Videos verlangsamt anschauen, können Sie genau auf die Bewegungsabläufe Ihres Hundes achten und mögliche Schonhaltungen erkennen. Hunde, die unter Schmerzen leiden, möchten an diesen Stellen nicht gerne angefasst werden und zeigen oft Beschwichtigungsverhalten. Viele Hunde zucken bereits mit der Haut, wenn sich die Hand des Menschen nähert. Dies können Sie unter anderem beim Bürsten, Streicheln oder Anfassen des Hundes beobachten. Schnappen kann auch ein Hinweis auf Schmerzreaktionen sein. Hunde knabbern und kratzen sich nicht nur, um sich zu pflegen, sondern auch, wenn es am Körper zwickt. Hunde versuchen, den Schmerz „wegzuknabbern". Exzessives Knabbern und Schlecken am Rücken, am Knie oder an den Gelenken kann auf Schmerzen an diesen Stellen zurückzuführen sein. Bei Muskelverspannungen im Rücken können Fellveränderungen auftreten, z. B. gekräuseltes, welliges, abstehendes, struppiges und schuppiges Fell in Wirbelform. Warme Stellen an Gelenken oder am Rücken können durch Schmerzen oder Verspannungen entstehen.

Während des Trainings sollten Sie auf Verhaltensweisen Ihres Hundes achten, die er als Schmerzreaktionen zeigen könnte. Das Verweigern von Übungen ist ein eindeutiges Signal für Unwohlsein und Schmerzen. Entfernt sich Ihr Hund von Trainingsgeräten, sollten Sie dies auf jeden Fall ernst nehmen und Ihren Hund nicht dazu zwingen, indem Sie ihn beispielsweise locken. Dadurch entstehen negative Assoziationen mit dem Training, die ohnehin schon aufgrund der Schmerzen verstärkt sind. Akute Schmerzreaktionen können durch Winseln, Aufjaulen, Schonung und Vermeidung bestimmter Bewegungen, Hecheln und Zittern auftreten. Ein anstrengender Gesichtsausdruck, zusammengekniffene Augen mit geweiteten Pupillen und Rändern unter den Augen sind Indizien für Schmerzen. Manche Hunde zeigen diese sichtbaren Verhaltensweisen nicht. Hier müssen Sie genau hinschauen. Beschwichtigungssignale können Sie auf Schmerzen, Überforderung oder Müdigkeit zurückführen.

Was sind Beschwichtigungssignale?
Beschwichtigungssignale sind Ausdrücke der hündischen Körpersprache, die zum Ziel haben, Konflikte zu vermeiden, sich selbst und andere zu beruhigen, Spannungen aufzulösen, zu drohen und Situationen zu entschärfen. Diese sogenannten „Calming Signals" wenden Hunde im Kontakt mit Artgenossen und Menschen an. Beschwichtigungssignale Ihres Hundes sollten Sie nicht ignorieren, denn sie drücken Befindlichkeiten, Empfindungen und Emotionen aus. Häufig möchte Ihr Hund Ihnen mithilfe der Calming Signals sagen, dass er in Ruhe gelassen werden möchte. Bei der Prävention von Beißvorfällen ist die Kenntnis der Körpersprache und von Beschwichtigungssignalen unabdingbar. Im Hundefitnesstraining können Calming Signals bedeuten, dass sich Ihr Hund bei der Durchführung der Übung unwohl fühlt, dass er der Situation entkommen möchte oder dass er sogar Schmerzen empfindet.

Folgende Beschwichtigungssignale können Sie bei Hunden beobachten:

- Züngeln (Schlecken der Nase)
- Blinzeln
- Zusammenkneifen der Augen
- Abwenden des Blickes und Kopfes
- Ohren anziehen
- Gähnen
- Schmatzen
- Schnüffeln
- Pfote heben
- Bogen laufen
- Vorderkörper-Tiefstellung
- Pinkeln

Leider ist es nicht immer möglich, Schmerzen bei Hunden rechtzeitig zu erkennen. Hunde sind Meister darin, Schmerzen zu verbergen. Oft sind die Schmerzen schon zu weit fortgeschritten, wenn der Hund deutliche Anzeichen zeigt. Eine regelmäßige Kontrolle beim Tierarzt (z. B. zweimal im Jahr) ist daher ratsam. Besonders wichtig sind Check-ups bei Sporthunden oder Hunden in physiotherapeutischer Behandlung. So können Sie sicherstellen, dass es Ihrem Hund gut geht. Eine frühzeitige Diagnose kann in der Regel schnell behandelt werden, sodass Schlimmeres verhindert werden kann. Auf diese Weise können Sie die Sicherheit während des Trainings verbessern und das Verletzungsrisiko verringern.

Beim Training kann es schnell passieren, dass Ihr Hund überfordert ist. Sie sind ehrgeizig, möchten Ihrem Hund möglichst schnell viele Übungen beibringen und gemeinsam Neues erleben. Wie in vielen anderen Bereichen sollte auch in der Hundefitness die Qualität der Übungen im Vordergrund stehen. Drei korrekt ausgeführte Wiederholungen einer Übung sind mehr wert als zehn Ausführungen, die gegebenenfalls mit einer falschen Beinstellung durchgeführt wurden. Legen Sie den Fokus auf eine ruhige und langsame Ausführung der Fitnessübungen und vermeiden Sie hektische Bewegungen, die für Aufregung sorgen könnten.

Überforderungen erkennen Sie beispielsweise an mangelnder oder nachlassender Konzentrationsfähigkeit. Überforderte Hunde führen gerne viele Übungen und Positionen auf einmal aus oder verwechseln Signale (z. B. Pfote geben statt Platz machen). Ein unkonzentrierter Hund zeigt schnell fehlerhafte und schonende Sitz- und Liegepositionen. Wenn der Hund z. B. mit jeder Wiederholung in den Welpensitz fällt oder beim Platzmachen die Beine zur Seite spreizt, anstatt sie flach auf den Boden zu legen, kann dies ein Zeichen von Überforderung sein. Müssen Sie mehrmals die Position Ihres Hundes korrigieren, kann kein effektives Training stattfinden. Es gilt: Weniger ist mehr.

Überforderung macht sich auch durch körpersprachliche Signale wie das Anheben der Pfote bemerkbar. Dies kann bedeuten, dass Ihr Hund nicht versteht, was Sie von ihm erwarten. Wenn Sie Fitnessübungen langsam aufbauen, können Sie Überforderungen dieser Art vermeiden. Gehen Sie lieber einen Schritt zurück, wenn Sie merken, dass Ihr Hund verwirrt ist.

Wenn Sie Ihren Hund überfordern, kann er sich leichter verletzen, weil er stolpert oder unruhig wird. Außerdem ist ein zu anspruchsvolles Training nicht gut für das Muskelsystem Ihres Hundes. Muskelkater, Gelenkschmerzen und Verspannungen wirken sich negativ auf Trainingserfolge aus. Ein Hund, der im Training überfordert ist, entwickelt schnell Frust. Frust führt wiederum zu weiterer Aufregung und der Spaß geht verloren. Achten Sie darauf, dass Sie Ihr Training progressiv gestalten. Fangen Sie mit leichten Übungen an und steigern Sie den Schwierigkeitsgrad erst, wenn Ihr Hund die Übungen sauber durchführen kann. Das Gleiche gilt für die Intensität und Wiederholungen von Fitnessübungen. Integrieren Sie gegebenenfalls Pausen oder brechen Sie das Training ab, wenn sich Ihr Hund überhaupt nicht konzentrieren kann. Wenn Sie das Training fortsetzen, obwohl Ihr Hund überfordert ist, können Sie bereits erzielte Trainingserfolge zunichtemachen oder es schleichen sich Fehler in das Training ein. Sie müssen viel Geduld haben, auf den Trainingsstand Ihres Hundes achten und im Tempo Ihres Hundes arbeiten. So können Sie einen langfristigen Trainingserfolg für Sie und Ihren Hund ermöglichen.

Selbstwirksamkeit

Selbstwirksamkeit gehört zu den Grundbedürfnissen eines Hundes. Sie bezieht sich auf die Fähigkeit, eigenständige Entscheidungen zu treffen und gewünschte Handlungen erfolgreich meistern zu können. Selbstbestimmung und die Möglichkeit, Kontrolle über Situationen zu haben, sind nicht nur für uns Menschen von großer Bedeutung, sondern auch für Hunde. Die Hundewelt wird von vielen Faktoren und Umweltbedingungen der menschlichen Welt eingeschränkt. Hunde können nicht immer und überall selbstständige Entscheidungen treffen, da sie für die Gesellschaft eine potenzielle Gefahr darstellen können. Dennoch sollten Sie Ihrem Hund die Chance geben, in einem angemessenen und sicheren Umfeld Selbstwirksamkeit auszuleben. Ihr Hund sollte lernen, gute Entscheidungen selbstständig zu treffen, und dafür von seinem Menschen gefeiert werden. Wenn ein Hund in seiner Selbstwirksamkeit nie gestärkt wurde oder sogar dafür bestraft wird, kann dies zu Meideverhalten führen. Dies wirkt sich negativ auf sein Selbstbewusstsein und sein Körpergefühl aus.

Was ist Meideverhalten?

Haben Sie schon einmal beobachtet, dass ein Hund den Kontakt zu Artgenossen meidet oder der Situation aus dem Weg geht? Hier handelt es sich um Meideverhalten. Der Grund dafür kann sein, dass der Hund keine guten Erfahrungen mit Hunden gemacht hat, weil er zum Beispiel von einem anderen Hund gebissen wurde. Seitdem meidet er andere Hunde.

Meideverhalten ist eine körpersprachliche Äußerung, die Ihr Hund in für ihn unangenehmen oder bedrohlichen Situationen zeigt. Es ist das Gegenteil von Abwehrverhalten, bei dem ein Hund aggressive Verhaltensweisen (z. B. Drohen, Fixieren, Schnappen, Beißen) zeigt, um einer Situation zu entkommen. Beim Meideverhalten versucht der Hund, zu fliehen, indem er wegläuft, stehen bleibt oder sich abwendet. Sie sollten Meideverhalten bei Ihrem Hund nicht ignorieren. Wenn Sie Ihren Hund dennoch in Situationen zwingen, die er vermeiden möchte, kann sich das Vermeidungsverhalten schnell zu einem aggressiven Verhalten entwickeln. Konsultieren Sie einen Hundetrainer, um Ihrem Hund die Angst vor unangenehmen Situationen zu nehmen und diese wieder positiv zu gestalten.

Beispiele:

Der Hund zerstört ein Sofakissen. Der Besitzer geht schimpfend auf ihn zu. Der Hund duckt sich oder läuft weg.

Frauchen will ihrem Hund den Regenmantel anziehen. Als sie nach dem Mantel greift, rennt der Hund weg.

Der Hund wird von seinem Herrchen immer wieder hart für sein Fehlverhalten bestraft. Als Herrchen dem Hund einen neuen Trick beibringen will, zeigt der Hund kein Verhalten oder will weglaufen.

In der Hundefitness sind dies meistens Hunde, die sich nicht trauen, neue Übungen auszuführen, Schmerzen und Unwohlsein kaum zeigen und keine selbstständigen Lösungen beim Erlernen von Signalen anbieten.

Ein weiteres Beispiel sind Hunde, die jahrelang von Menschen angefasst wurden, obwohl sie Schmerzen haben. Viele Hundehalter sind sich nicht bewusst, dass ihr Hund unter Schmerzen leidet oder einfach nicht angefasst werden möchte. Beschwichtigungssignale des Hundes werden nicht erkannt und selbst wenn der Hund sich abwendet, wird er beispielsweise von fremden Menschen weiter gestreichelt und angefasst. Gerade in der Öffentlichkeit kann dies schnell passieren. Die Fähigkeit des Hundes, eigene Entscheidungen zu treffen, von denen er profitiert, wurde nicht berücksichtigt. Da das selbstwirksame Verhalten des Hundes nicht zum Erfolg geführt hat, greift er zu seiner letzten Möglichkeit, um dem Menschen mitzuteilen, dass er nicht angefasst werden möchte: Aggressionsverhalten.

Aufgrund solcher Szenarien ist es wichtig, im Hundesportbereich dem Hund Raum für Selbstwirksamkeit zu geben. Hunde, die Schwierigkeiten mit dem Anfassen haben, können durch Ankündigungen selbstbewusster im Umgang mit ihrem Menschen werden.

Dafür konditionieren Sie für jeden Körperbereich Ihres Hundes ein Ankündigungssignal. Wenn Sie beispielsweise die Pfote Ihres Hundes anfassen möchten, geben Sie vorher das Signal „Pfote" und fassen Ihren Hund daraufhin an. Um den Rücken Ihres Hundes zu berühren, geben Sie vor dem Anfassen das Signal „Rücken". Nach mehreren Wiederholungen wird Ihr Hund verstehen, was nach dem Signal folgt, und kann sich darauf vorbereiten. Dies gibt Ihrem Hund auch die Möglichkeit, aus der Situation herauszugehen.

Es kann vorkommen, dass Sie am Vortag den Rücken Ihres Hundes ohne Probleme massieren durften. Am nächsten Tag geben Sie das Signal „Rücken" und Ihr Hund wendet sich ab. Dies könnte ein Anzeichen für Rückenschmerzen sein, da Ihr Hund das Berühren vermeidet. Es ist wichtig, dass Sie die Entscheidungen Ihres Hundes berücksichtigen und akzeptieren.

Ein weiteres Beispiel ist das Hochheben kleiner Hunde. Häufig werden sie unerwartet auf den Arm genommen und müssen es über sich ergehen lassen. Indem Sie das Hochheben mit einem Signal ankündigen, kann sich Ihr Hund vorbereiten und sich in die Position zum Hochheben begeben. Wenn er in diesem Moment nicht hochgehoben werden möchte, kann er sich abwenden und seinem Menschen mitteilen, dass er es gerade nicht möchte.

Es ist ratsam, Ankündigungen mit einer Belohnung zu verknüpfen. Geben Sie das Ankündigungssignal, führen Sie die Handlung aus und belohnen Sie Ihren Hund mit einem Leckerli. Auf diese Weise lernt er, dass Ankündigungen nichts Schlechtes sind und dass sie sich für ihn lohnen.

Sie können Ihrem Hund ebenfalls die Möglichkeit bieten, das Training eigenständig anzufangen, Pausen einzulegen und das Training zu beenden. Durch diese Entscheidungsfreiheit werden Verletzungen und Überforderungen im Training vermieden. Sie können das Training mithilfe eines Gegenstandes oder eines Bereiches ankündigen, welcher Ihr Hund betreten oder berühren muss. Auf diese Art kann er Ihnen mitteilen, dass er nun Lust auf das gemeinsame Training hat. Unsichere Hunde können von Ankündigungen und Routinen profitieren, da sie wissen, was auf sie zukommen wird.

Bedenken Sie, dass Hunde nicht sprechen können und somit nicht mitteilen können, ob sie Schmerzen haben oder etwas nicht stimmt. Ein Hund, der in seiner Selbstwirksamkeit gestärkt wird, traut sich, seine Körpersprache eindeutig zu zeigen. Selbstwirksamkeit ist im Alltag sowie in der Hundefitness und Physiotherapie eine großartige Möglichkeit, mit Ihrem Hund zu kommunizieren und eine gemeinsame Sprache zu finden.

Ideen für mehr Selbstwirksamkeit

- Anfassen ankündigen
- Trainingsbeginn, Pausenwort und Trainingsende etablieren
- Tempo bestimmen lassen
- Hochheben ankündigen
- Kooperationssignal einführen
- Kauartikel aussuchen lassen
- Spielzeug selbst wählen lassen
- Spazierwege (z. B. beim Wandern) aussuchen lassen

Sicherheit und Verletzungen vermeiden

- Aufwärm- und Abkühlübungen
- Gesundheitscheck beim Tierarzt (Überprüfung des Herz-Kreislauf-Systems, orthopädische Untersuchungen, Ausschließung von Erkrankungen)
- Überanstrengungen vermeiden
- Schmerzen frühzeitig erkennen
- Körpersprache des Hundes lesen lernen
- ausreichend Pausen integrieren
- Unterstützung bei schwierigen Übungen (z. B. Balanceübungen) anbieten
- Selbstwirksamkeit stärken
- individuelle und auf den Hund angepasste Sportart:

- Alter des Hundes beachten
- Trainingszustand beachten
- kein Leistungssport für Welpen, Junghunde und Senioren
- auf Rassemerkmale abstimmen

Muskeltrainingstechniken

Trainingsgeräte für Hundefitness

Es gibt verschiedene Trainingsgeräte für die Hundefitness, die für den Muskelaufbau nützlich sind. Sie brauchen jedoch nicht viel, um Übungen für die Muskelkraft durchzuführen. Drinnen können Sie beispielsweise eine Kiste als Erhöhung nutzen. Draußen auf dem Spaziergang gibt die Natur viele Möglichkeiten (z. B. Baumstämme, Steine, Treppen, Bordsteinkanten), die Sie für das Training nutzen können.

Für Einsteiger empfiehlt es sich, mit dem Training auf einem rutschfesten Untergrund zu beginnen. Ihr Hund muss die Grundübungen verstehen und sicher ausführen können, bevor Sie zu Wackelkissen und Co. greifen. Erst wenn der Hund die Übungen auf festem Untergrund sicher und korrekt ausführen kann, können Sie die Übungen durch Trainingsgeräte erschweren. Sobald der Untergrund wackelig wird, kann sich Ihr Hund nicht mehr auf die saubere Ausführung der Übungen fokussieren, sondern muss sich auf sein Gleichgewicht konzentrieren. Hier ist seine Muskelkraft besonders gefordert. Hat Ihr Hund die Übungen aus dem Training zuvor bereits im Gehirn abgespeichert, kann er darauf zurückgreifen, die Übungen fallen ihm leichter und es kommt nicht zu Muskelverspannungen oder Verletzungen. Wenn Ihr Hund die Fitnessübungen körperlich bewältigen kann und sich auf stabilem Untergrund sicher fühlt, lohnt sich die Investition in ein oder zwei Trainingsgeräte. Obwohl viele Geräte sehr teuer sein können, gibt es auch günstige Alternativen. Einige Trainingsgeräte können im Supermarkt gekauft werden. Diese sind meist für Menschen gedacht, eignen sich aber auch für Hunde. Sie können auch gebrauchte Geräte kaufen, die in der Regel einwandfrei sind und nicht so viel kosten. Um einen Trainingseffekt zu erzielen, müssen die Fitnessübungen nicht aufregend oder kompliziert aussehen. Ein gutes Beispiel ist die Steh-Sitz- bzw. Steh-Platz-Übung. Hier werden bereits einige Muskelgruppen Ihres Hundes beansprucht. Ihr Hund muss die korrekte Sitz-, Platz- und Stehposition ausführen, ohne in eine Schonhaltung zu fallen. Dies erfordert große Konzentration und Anstrengung von Ihrem Hund. Die grundlegenden Übungen können und sollten am Anfang ohne teures Equipment geübt und gefestigt werden.

Rutschfester Untergrund

Bei der Durchführung von Hundefitnessübungen sollten Sie auf einen rutschfesten Untergrund achten. Fliesen, Laminat und Parkett sind aufgrund der mangelnden Griffigkeit für das Training ungeeignet. Der Hund findet keinen Halt und rutscht bei den Übungen weg. Das Training kann nicht korrekt ausgeführt werden, das Verletzungsrisiko steigt und das Training ist nicht effektiv. Passende Untergründe für Fitnessübungen sind Teppichböden oder Yogamatten, sofern sie nicht rutschig sind. Generell sollte der Untergrund nicht zu hart sein, eine dämpfende Wirkung haben und das Training sollte an einem Ort stattfinden, an dem der Hund ausreichend Platz hat, um sich zu bewegen.

Balancekissen

In der Hundefitness ist das Balancekissen für vielfältige Übungen einsetzbar. Es handelt sich um ein Kissen, welches mit Luft aufgepumpt wird. Je mehr Luft im Kissen ist, desto leichter sind die Fitnessübungen für Ihren Hund. Ein Balancekissen mit weniger Luft gibt dem Körpergewicht schneller nach. Es wird schwieriger für Ihren Hund, die Übungen auszuführen. Es gibt Balancekissen mit Noppen, die es Ihrem Hund erleichtern, Halt zu finden und nicht abzurutschen. Die meisten Balancekissen haben eine glatte Seite und eine Seite mit Noppen. Für Anfänger empfiehlt es sich, die Seite mit den Noppen zu verwenden. Aber auch bei fortgeschrittenen Sporthunden haben die Noppen einen positiven Einfluss auf die Nerven und die Durchblutung. Der Einsatz des Balancekissens kräftigt die Tiefenmuskulatur und verbessert die Körperwahrnehmung, das Gleichgewicht, die Beweglichkeit und Flexibilität sowie die motorischen Fähigkeiten und hilft beim Wiederaufbau der Muskulatur bei Hunden nach Operationen oder Verletzungen. Für große Hunde eignen sich große Kissen. Diese sind in der Regel sehr teuer. Deshalb können Sie auch zwei kleine Balancekissen kaufen, so dass Ihr Hund mit den Vorder- und Hinterbeinen jeweils auf einem Kissen steht. Balancekissen gibt es auch in Igel-, Knochen-, Donut- und Erdnussform. Donut- und Erdnussformen sind aufgrund des Lochs und der Verengung in der Mitte eine gute Alternative für den Gymnastikball, der für Anfänger meist noch zu anspruchsvoll ist. Sie können viele Übungen auch ohne Trainingsgeräte ausführen. Für fortgeschrittene Sporthunde lohnt sich jedoch zumindest die Investition in ein Balancekissen. Mit dem Balancekissen können die Mikrobewegungen des Hundes trainiert werden, was ohne wackelnden Untergrund nicht in diesem Umfang möglich ist.

Gymnastikball

Der Gymnastikball ist für kleine Hunde nicht geeignet, aber große Hunde können von diesem Trainingsgerät sehr profitieren. Mit dem Gymnastikball können Sie die Rücken-, Schulter- und Oberschenkelmuskulatur stärken. Achten Sie darauf, dass der Ball genau unter den Bauch des Hundes passt, sonst ist der Ball zu groß. Bei der Verwendung des Gymnastikballs sollten Sie besonders auf die Sicherheit Ihres Hundes achten, denn es kann schnell passieren, dass der Ball wegrutscht. Deshalb sollte Ihr Hund schon etwas fortgeschrittener im Training sein. Zur Unterstützung können Sie den Ball festhalten oder ihn in einen alten Autoreifen legen, um ihm mehr Stabilität zu geben.

Wackelbrett

Das Wackelbrett können Sie nicht nur für den Muskelaufbau nutzen, sondern auch zur Förderung des Körpergefühls und des Gleichgewichts. Mit dem Wackelbrett können Sie die Rumpfmuskulatur Ihres Hundes verbessern. Sie sollten Ihren Hund langsam an das Wackelbrett heranführen, denn für viele Hunde ist das Schaukeln und Wackeln des Brettes zunächst ungewohnt. Außerdem macht das Brett laute Geräusche, wenn es auf dem Boden aufschlägt. Auch das kann für manche Hunde abschreckend wirken. Bauen Sie zunächst positive Assoziationen mit dem Brett auf, halten Sie das Brett beim Auf- und Absteigen fest und lassen Sie es langsam los. Bleiben Sie anfangs mit den Händen stets in der Nähe des Brettes, damit Sie schnell Halt geben können. Sie können die Stabilität auf dem Wackelbrett erhöhen, indem Sie z. B. eine Antirutschmatte bzw. eine Teppichunterlage zuschneiden und auf dem Brett befestigen.

Slalomstangen

Das Umlaufen von Slalomstangen fördert die Rückenmuskulatur und die Flexibilität des Hundes. Es handelt sich um Stangen, die senkrecht im Boden stecken. Diese Stangen muss der Hund in Schlangenlinien umkreisen. Im Agility-Sport sind die Slalomstangen ein häufig eingesetztes Parcourshindernis. Da ein Agility-Set sehr teuer sein kann und viel Platz einnimmt, gibt es auch Alternativen für die klassischen Stangen. Sie können Ihren Hund durch die Beine laufen lassen und sich gleichzeitig vorwärtsbewegen. Auf dem Spaziergang können Sie Poller oder Laternen nutzen.

Tipp:
Anstelle von Stangen können Sie Hütchen oder andere Gegenstände verwenden, die Ihr Hund umkreisen muss.

Cavaletti

Das Cavaletti-Training ist besonders wichtig für die Koordination und das Gangbild des Hundes. Für das Training werden Stangen benötigt, über die der Hund mit den Beinen laufen muss. Sie können ein Cavaletti-Set im Internet bestellen. Neben der Kräftigung der Beinmuskulatur können Sie beim Cavaletti-Training Gangfehler korrigieren und ein Bewusstsein für die Hinterhand schaffen, indem Ihr Hund die Beine einzeln anheben und gleichzeitig belasten muss. Hunde, die Probleme mit der Kniescheibe oder mit der Hüfte haben, profitieren vom Koordinationstraining, wie zum Beispiel vom Cavaletti-Training.

Tipp:
Als Ersatz für die hier benannten Stangen können Sie auch Besenstiele oder Äste einsetzen.

Stepper

Der Stepper ist in der Hundefitness eine Tritterhöhung, um die Vorder- und Hinterläufe zu trainieren.

Tipp:
Sie müssen keinen Stepper anschaffen. Hier eignen sich eine Treppe, gestapelte Bücher, Hocker, Stühle, eine Box oder ein Baumstamm bzw. ein Stein auf dem Spaziergang. Sie können alles verwenden, wodurch Ihr Hund erhöht stehen kann.

Die Natur als Trainingsgerät

Für das Fitnesstraining müssen Sie nicht in 10 verschiedene Balancekissen und Wackelbretter investieren. Die Natur bietet viele Möglichkeiten, das Training in den Alltag zu integrieren. Zum Beispiel können Sie Ihren Hund über unterschiedliche Untergründe führen, wie z. B. Kiesel- und Sandboden, Wald- und Grasböden und Wurzeln. Hier lernt der Hund, unebene Untergründe bewusst zu registrieren und seine Trittsicherheit zu schulen. Die Beweglichkeit der Gelenke sowie das Balance- und Koordinationstraining werden gefördert. Bei Spaziergängen in der Natur finden Sie sicher viele heruntergefallene Äste, Baumstämme und große Steine.

So können Sie für das Training in der Natur vorgehen:

Nehmen Sie ein paar dicke Äste und legen Sie diese waagerecht hintereinander auf den Boden. Achten Sie darauf, dass zwischen den Ästen genügend Abstand ist (eine Hundelänge). Nun kann der Hund über die Äste laufen. Dabei müssen Sie Ihren Hund im Schritt führen, sodass er jedes Bein einzeln anhebt und nicht zu schnell über die Äste springt.

Umgefallene Bäume eignen sich hervorragend zum Balancetraining während des Spaziergangs. Lassen Sie Ihren Hund auf dem Baumstamm laufen und halten Sie ihn gegebenenfalls dabei fest, damit er nicht abrutscht.

Steine, Baumstämme oder andere Erhöhungen können Sie während des Spaziergangs zur Stärkung der Hinterhandmuskulatur verwenden. Stellen Sie die Vorderpfoten des Hundes auf den erhöhten Gegenstand. Die Hinterbeine und der Rücken des Hundes sollten nun gestreckt sein. Sie können jetzt Steh-Sitz-Übungen ausführen oder Signale wie „Pfötchen" oder „High Five" geben. Durch das Anheben einzelner Pfoten wird das Gleichgewicht trainiert und die Muskulatur wird aufgebaut.

Tipp:
Hintereinander gereihte Baumstümpfe, Steine oder Poller eignen sich gut als Slalomstangen. Führen Sie Ihren Hund in Schlangenlinien um die Hindernisse herum. Dies wirkt sich positiv auf die Beweglichkeit der Wirbelsäule und den allgemeinen Bewegungsablauf aus. In der Stadt können Sie Bordsteine, Sitzbänke, Poller oder Laternen als Hilfsmittel für das Training verwenden. Hier sind Ihnen keine Grenzen gesetzt. Achten Sie beim nächsten Spaziergang auf Ihre Umwelt und seien Sie kreativ! Die Umgebung hat meist mehr zu bieten, als Sie vielleicht denken.

Das Training in der Natur ist eine schöne Möglichkeit, Zeit mit Ihrem Hund an der frischen Luft zu verbringen. Auf den Spaziergängen stärkt es die Bindung, fördert die Gehorsamkeit und sorgt für Abwechslung im Alltag. Ganz nebenbei halten Sie Ihren Hund fit und tun etwas für seine Gesundheit. Dennoch sollten Sie in der Natur auf die Sicherheit Ihres Hundes achten, um Verletzungen zu vermeiden. Halten Sie Ihren Hund gegebenenfalls am Geschirr fest und führen Sie die Übungen nur durch, wenn der Hund genügend Halt und Stabilität hat.

Hinweis:
Berücksichtigen Sie die Witterungsverhältnisse während des Spaziergangs. Bei Nässe ist die Rutschgefahr auf den Baumstämmen sehr hoch und Sie sollten das Training lieber in die Wohnung verlegen.

Übungen für die Muskelkraft

Wenn Sie mit dem Muskeltraining beginnen möchten, spielt das Alter des Hundes eine wichtige Rolle. Sie sollten nicht zu früh mit dem gezielten Muskelaufbau anfangen, da sich die Sehnen, Gelenke und Bänder von Welpen und Junghunden noch im Wachstum befinden und noch nicht vollständig ausgebildet sind, um starken Belastungen standzuhalten. Je nach Rasse und Größe des Hundes variiert die Wachstumsphase. Kleine Hunderassen sind meist schon nach 8 Monaten ausgewachsen. Große Hunderassen können bis zu 3 Jahre brauchen, um ausgewachsen zu sein. Zwischen dem 18. und 24. Lebensmonat können Sie intensiv mit dem Training beginnen. Sprechen Sie mit Ihrem Tierarzt, Hundetrainer oder Tierphysiotherapeuten über den individuellen Startzeitraum Ihres Hundes.

Vor dem Training sollten Sie einige Faktoren beachten:

1. Sie sollten Ihren Hund vor dem Training aufwärmen.
2. Zwei Stunden nach einer Mahlzeit sollten aufgrund des Risikos einer Magendrehung keine körperlichen Aktivitäten stattfinden.
3. Führen Sie die Fitnessübungen langsam durch und nehmen Sie sich genügend Zeit.
4. Sie sollten auf eine korrekte und gezielte Ausführung der Übungen achten.
5. Führen Sie die Übungen immer auf beiden Seiten bzw. in beide Richtungen aus, damit die Muskeln gleichmäßig trainiert werden. So vermeiden Sie Fehlbelastungen und Schonhaltungen.
6. Zeigt Ihr Hund Beschwichtigungssignale oder Unwohlsein, sollten Sie das Training sofort abbrechen und die Ursache für das Verhalten überprüfen.
7. Fangen Sie mit leichten Übungen an, um Ihren Hund nicht zu überfordern. Andernfalls entsteht schnell Frust bei Ihnen und Ihrem Hund. Für den Anfang sind Trainingseinheiten von 5 Minuten ausreichend. Die Dauer und Intensivität der Übungen können Sie langsam steigern.
8. Stellen Sie für sich und Ihren Hund stets Wasser bereit.
9. Zu Beginn reicht es, dreimal pro Woche zu trainieren. Für die restlichen Tage sollte Ihr Hund ruhen, damit sich die Muskeln regenerieren können.
10. Gestalten Sie das Training spannend und sorgen Sie für Abwechslungen und Belohnungen. Das Training sollte Ihnen und Ihrem Hund Spaß machen.
11. Sie können das Training mit einem Handy filmen, indem Sie ein Stativ aufbauen oder Ihr Handy auf einer Erhöhung ablegen. Mithilfe des Videomaterials können Sie Fehlerquellen im Training erkennen und diese korrigieren.

Haben Sie alle Punkte der Checkliste erfüllt? Dann sind Sie und Ihr Hund nun bereit, mit dem Muskel- und Ausdauertraining zu starten. Die folgenden Übungen können Sie sowohl mit als auch ohne Trainingsgeräte ausführen.

Übungen für die Muskelkraft

- bewusstes und gestrecktes Stehen
- Sitz-Steh-Übung und Platz-Steh-Übung
- Bergauf- und Bergab-Training
- isometrisches Training
- Elefantentrick
- Kriechen
- Gewichtsmanschetten

Bewusstes Stehen

Für diese Übung benötigen Sie vier Targets, auf die sich Ihr Hund mit seinen Pfoten stellen muss.

> **Tipp:**
> Als Targets können Sie zum Beispiel vier gleich hohe Bücher oder flache Aufbewahrungsdosen verwenden. Achten Sie jedoch darauf, dass diese nicht verrutschen können.

Das Ziel dieser Übung ist es, dass sich Ihr Hund der Steh-Position bewusst wird und diese ruhig und balanciert halten kann.

Ablauf:

1. Legen Sie zwei Targets auf den Boden. Führen Sie Ihren Hund von hinten über die Targets, bis seine Hinterbeine auf beiden Targets stehen. Bestätigen Sie Ihren Hund, wenn er mit seinen Pfoten auf den Targets steht. Am Anfang reicht es aus, wenn er nur ein Hinterbein auf das Target stellt. Jeder kleine Schritt sollte von Ihnen belohnt werden, damit Ihr Hund versteht, was er machen soll.
2. Sobald Ihr Hund zuverlässig mit seinen Hinterbeinen auf den Targets stehen kann, legen Sie die zwei Targets für die Vorderpfoten hinzu. Platzieren Sie die vier Targets so auf dem Boden, dass Ihr Hund eine entspannte und korrekte Steh-Position einnehmen kann. Führen Sie Ihren Hund von hinten über die Targets. Sobald er sich mit allen vier Pfoten auf den Targets befindet, belohnen Sie ihn.
3. Wenn Ihr Hund in der Lage ist, bewusst auf den vier Pfotentargets zu stehen, fügen Sie ein Wortsignal hinzu, bevor er die Übung ausführt. Wiederholen Sie diesen Schritt mehrere Tage lang. Entfernen Sie sich dann langsam von den Targets und geben Sie das Signal.
4. Wenn sich der Hund eigenständig auf den Targets positionieren kann, können diese entfernt werden. Anschließend kann das Signal gegeben werden, wenn der Hund sich beispielsweise im Sitz befindet, woraufhin er ins Steh wechseln sollte. Dieses Verhalten sollte belohnt und das Signal sollte gefestigt werden.

> **Tipp:** Führen Sie das Steh-Signal aus und stellen Sie sich neben oder vor Ihren Hund. Halten Sie nun ein Leckerli so hoch, dass sich Ihr Hund im Stehen mit seiner Hals- und Nackenmuskulatur strecken muss. Die Hinterbeine sollten sich bei dem gestreckten Stehen auf dem Boden befinden. Mit den Vorderpfoten kann der Hund sich auf die Zehenspitzen stellen. Vermeiden Sie, dass Ihr Hund nach dem Leckerli springt. Das gestreckte Stehen ist eine gute Dehnübung, um die Vorderhand sowie die Schulter- und Rückenmuskulatur zu dehnen.

Sitz-Steh-Übung und Platz-Steh-Übung

Bei dieser Übung bringen Sie Ihren Hund vom Sitz ins Stehen, sodass die Muskulatur der Hinterbeine trainiert wird.

Ablauf:

1. Setzen Sie sich mit etwas Abstand vor Ihren Hund und bringen Sie ihn ins Sitz.
2. Geben Sie Ihrem Hund nun das Signal, in die Stehposition zu wechseln. Sie können dies erreichen, indem Sie das Touch-Signal vor Ihrer Brust geben. Daraufhin sollte sich Ihr Hund nach vorne strecken und ins Steh wechseln, um mit seiner Nase Ihre Handfläche zu berühren. Falls Sie ein Steh-Signal aufgebaut haben, können Sie dieses verwenden.
3. Warten Sie ein paar Sekunden und geben Sie Ihrem Hund eine Belohnung.

Eine weitere Variation der Übung ist der Wechsel vom Platz ins Steh. Dabei müssen Sie Ihren Hund ins Platz bringen. Wenn er nun ins Steh wechselt, werden seine Vorder- und Hinterbeine trainiert. Die Übung führen Sie genauso wie die Sitz-Steh-Übung durch. Falls es Ihrem Hund schwerfällt, in der Stehposition zu bleiben, und er weiter zu Ihnen laufen möchte, können Sie entweder das Touch-Signal auf Dauer ausführen oder eine Begrenzung (z. B. Leine, Stock, Brett) vor Ihren Hund legen.

Achtung!
Die korrekte Sitz- und Stehposition ist bei diesen Übungen von großer Bedeutung, damit das Training einen wirkungsvollen Effekt auf die Muskulatur und das Gangbild hat. Beim Sitzen sollten die Hinterbeine des Hundes parallel nebeneinander auf dem Boden aufliegen. In der Stehposition sollte der Hund ruhig und im Gleichgewicht stehen. Seine Vorder- und Hinterbeine sollten nebeneinander aufgestellt sein und die Pfoten sollten frontal nach vorne zeigen. Achten Sie darauf, dass alle Beine gerade und parallel zueinander stehen. Der Rücken des Hundes sollte eine gerade Linie bilden und der Kopf sollte gerade mit der Wirbelsäule nach vorne ausgerichtet sein. Im Platz sollten die Hinterbeine des Hundes gerade auf dem Boden liegen. Hunde mit Gelenkerkrankungen neigen dazu, die Beine in Schieflage nach rechts oder links zu drehen. Die Beine sollten jedoch parallel mit dem Knie auf einer Höhe sein.

Schwierigkeitsgrad erhöhen:
Um den Schwierigkeitsgrad zu erhöhen, sollte Ihr Hund die Basisübung sicher ausführen können. Legen Sie die Vorderpfoten Ihres Hundes auf einen erhöhten Gegenstand. Die Hinterbeine Ihres Hundes sollten gestreckt sein. Geben Sie nun das Platz-Signal, damit sich die Hinterbeine Ihres Hundes senken. Achten Sie auch hier auf die korrekte Position der Beine. Im nächsten Schritt bringen Sie Ihren Hund ins Steh. Der Kopf sollte dabei nicht nach unten gucken. Achten Sie auf eine gerade Rücken-Kopf-Linie. Nachdem Ihr Hund diese Übung erfolgreich durchführen kann, können Sie die Schwierigkeit mithilfe eines Balancekissens erhöhen. Dieses können Sie entweder unter die Vorder- oder Hinterbeine legen. Eine weitere Möglichkeit ist das Hinzufügen einer Steigung mithilfe einer schiefen Ebene, beispielsweise einer Rampe. Hierfür benötigen Sie ein Brett, das unten den Boden berührt und oben auf einem hohen Gegenstand aufliegt. Platzieren Sie Ihren Hund in der Mitte der Rampe, um dort die Übungen „Sitz“, „Platz“ und „Steh“ durchzuführen. Falls Sie keinen Raum dafür haben, können Sie die Übungen auch an einem steilen Hang ausführen.

Tipp: Übungen verbinden
Für die Verbindung der oben genannten Übungen brauchen Sie einen Gegenstand (z. B. Hocker, Balancekissen, Kiste) als Podest. Stellen Sie die Vorderbeine des Hundes auf den Gegenstand und führen Sie ihn dann mit den Hinterbeinen auf das Podest, indem er sich zu Ihnen bewegt. Seine Vorderpfoten befinden sich nun auf dem Boden. Seine Hinterbeine stehen auf dem Podest. Im nächsten Schritt gehen Sie auf Ihren Hund zu, so dass er eine Rückwärtsbewegung macht und wieder mit seinen Hinterbeinen vom Gegenstand hinabsteigt. Jetzt sollten sich seine Vorderbeine wieder auf dem Podest befinden.

Bergauf- und Bergab-Training

Schritt erfordert viel Konzentration und Aufmerksamkeitsvermögen. Schrittgehen in Kombination mit Steigungen und Gefällen ist ein sehr effektives Training, da es die Muskeln und die Koordination beansprucht. Führen Sie Ihren Hund einen Berg hinauf und achten Sie darauf, dass er seine Vorder- und Hinterbeine gezielt einsetzt. Er sollte keine Sprünge machen, in den Trab fallen oder ein Hinterbein einseitig belasten. Sobald Sie oben sind, gehen Sie im selben Tempo den Berg hinunter. Sie können diese Übung einfach in den Spaziergang integrieren. Unterschätzen Sie nicht, wie anstrengend das Schrittlaufen für den Hund sein kann. Für den Anfang reichen schon zwei Wiederholungen der Übung. Hören Sie lieber auf, wenn es gut funktioniert, und schließen Sie positiv mit der Fitnessübung ab.

Schwierigkeitsgrad erhöhen:

Um den Schwierigkeitsgrad zu erhöhen, sollte Ihr Hund die Basisübung sicher ausführen können. Sie können die Intensivität der Übung erhöhen, indem Sie jedes Mal eine Wiederholung mehr machen. Außerdem können Sie den Schwierigkeitsgrad erhöhen, wenn Sie Hindernisse auf dem Weg platzieren, z. B. hintereinanderliegende Stöcke oder Äste, die Ihr Hund im Schritt überqueren muss. Dabei holt er die Kraft aus den Hinterläufen und muss seine Beine gleichzeitig koordinieren.

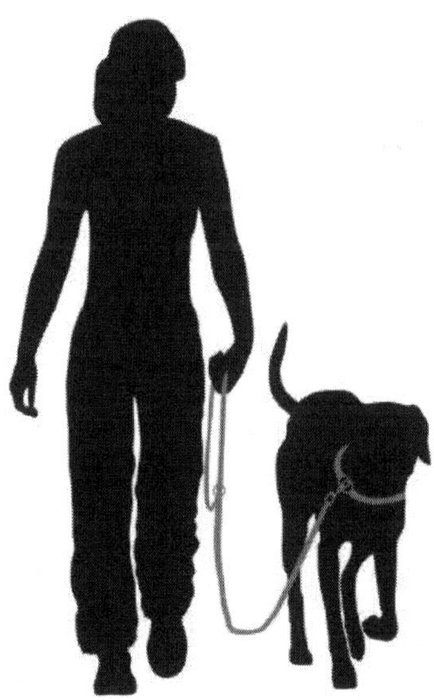

Isometrisches Training

Isometrische Übungen sind nicht nur besonders effektiv, sondern können auch ohne Trainingsgeräte durchgeführt werden. Bei diesen Übungen muss der Hund auf allen vier Beinen stehen. Mit der Handfläche üben Sie leichten Druck auf einen Muskelbereich aus. Um die Balance zu halten, übt der Hund Gegendruck aus, wodurch die Muskulatur angespannt wird. Daher sind isometrische Übungen eine besondere Art des Krafttrainings, da der Hund ohne eine aktive Bewegung die Muskulatur anspannt. Isometrisches Training ist vor allem für ältere und junge Hunde sowie Hunde, die aufgrund einer Gelenkerkrankung oder einer Operation zu wenig Muskulatur haben, eine gelenkschonende Möglichkeit, Muskulatur wieder aufzubauen oder zu erhalten. Der Fokus liegt auf der Stärkung der Rücken- und Hinterhandmuskulatur.

Bei der Ausführung isometrischer Übungen ist Ruhe sehr entscheidend. Die Berührungen sollten langsam und gezielt erfolgen. Achten Sie auf eine ruhige und ablenkungsarme Umgebung, in der sich Ihr Hund wohlfühlt und sich auf das Training konzentrieren kann. Setzen Sie sich neben Ihren Hund und vermeiden Sie es, ihm frontal gegenüberzusitzen. Dies kann auf manche Hunde bedrohlich wirken. Bevor Sie den Hund anfassen, kündigen Sie die Berührung mit einem Ankündigungssignal an (z. B. „Iso" oder „Anfassen"). Hunde, die nicht gerne angefasst werden, profitieren von dieser Vorwarnung. So vermeiden Sie negative Erfahrungen im Training und geben Ihrem Hund die Möglichkeit, die Situation zu verlassen. Arbeiten Sie im Tempo Ihres Hundes und bauen Sie die Übungen für Ihren Hund positiv auf, damit er sich beim nächsten Mal wieder darauf freuen kann.

Fassen Sie Ihren Hund anfangs nur kurz an und belohnen Sie ihn. In langsamen Schritten können Sie die Zeit auf bis zu 10 Sekunden verlängern. Sie können Ihre Hand so lange auf der Muskelgruppe liegen lassen, wie Ihr Hund kein Unbehagen zeigt. Auch 3 Sekunden pro Berührung sind ausreichend. Wiederholen Sie die Berührung 3-mal für jeweils 3 Sekunden auf jeder Seite. Wenn Ihr Hund große Probleme mit dem Anfassen hat, können Sie zu Beginn auch schon die Annäherung der Hand belohnen. Weicht Ihr Hund zurück, war es zu viel für ihn und Sie müssen einen Schritt zurückgehen. Fühlt sich Ihr Hund mit der Berührung wohl, können Sie nun leichten Druck ausüben. Die Anspannung der Muskulatur erkennen Sie an dem Widerstand des Hundes.

Ablauf:

1. Setzen Sie sich neben oder hinter Ihren Hund auf den Boden.
2. Achten Sie auf die korrekte Stehposition Ihres Hundes. Seine Beine sollten nicht schief stehen.
3. Geben Sie das Ankündigungssignal.
4. Warten Sie kurz ab, ob Ihr Hund Meideverhalten zeigt.
5. Legen Sie Ihre Handfläche auf die gewünschte Körperstelle (z. B. Schulter).
6. Üben Sie leichten Druck aus und vermeiden Sie ruckartige Bewegungen.
7. Wenn Ihr Hund Gegendruck ausübt, können Sie die Hand bis zu 10 Sekunden auf der Stelle liegen lassen und Druck ausüben, 3-mal 3 Sekunden sind für den Anfang jedoch völlig ausreichend. Vermeiden Sie eine Erhöhung des Drucks.
8. Markern Sie das ruhige Verhalten und den Widerstand des Hundes und geben Sie ihm ein Leckerli.
9. Ziehen Sie Ihre Hand langsam und vorsichtig zurück, damit Ihr Hund nicht das Gleichgewicht verliert.
10. Wiederholen Sie die Übung auf der anderen Seite.

Geeignete Muskelgruppen:

- Schulter (seitlich Druck ausüben, beide Seiten einzeln trainieren)
- Hals/Brust (den Hund „wegschieben")
- Rücken/Po (von oben nach unten Druck ausüben)
- Oberschenkel/Knie (seitlich Druck ausüben, beide Seiten einzeln trainieren)
- Oberschenkel/Knie (vorne anfassen und nach hinten ziehen)
- Anheben der Pfote (Hand unter die Hinterpfote schieben, beide Pfoten einzeln trainieren)

Schwierigkeitsgrad erhöhen:

Um den Schwierigkeitsgrad zu erhöhen, sollte Ihr Hund die Basisübung sicher ausführen können und eine gute Muskulatur haben. Sie können die Schwierigkeit erhöhen, indem Sie die Dauer des Griffs verlängern oder mehr Druck ausüben. Für Sporthunde mit einer ausgeprägten Muskulatur können Sie isometrische Übungen auch auf einem Balancekissen ausführen.

Elefantentrick

Der Elefantentrick bezieht seinen Namen aus dem Zirkus, wo ein Elefant auf einem Hocker steht und seine Vorderbeine darauf platziert. In der Hundefitness ist der Elefantentrick eine beliebte Übung, die dazu dient, die Hinterhandmuskulatur zu aktivieren und die Körperwahrnehmung zu fördern. Dabei steht der Hund auf einem erhöhten, rutschfesten Gegenstand (z. B. Hocker, Kiste, Balancekissen, Stepper, umgedrehter Kochtopf, Baumstamm) und bewegt seine Hinterbeine um den Gegenstand herum. Der Gegenstand sollte maximal auf der Höhe seiner Ellbogen sein.

Ablauf:

1. Der Hund steht mit seinen Vorderpfoten auf dem Gegenstand. Dabei stehen Sie frontal vor ihm.
2. Bewegen Sie sich mit kleinen Schritten in eine Richtung um den Gegenstand herum.
3. Sobald die Hinterbeine des Hundes sich in dieselbe Richtung bewegen, belohnen Sie Ihren Hund sofort. Der Hund sollte sich wieder frontal vor Ihnen befinden. Die Vorderpfoten bleiben während der Übung immer auf dem Gegenstand.
4. Wiederholen Sie diesen Vorgang in kleinen Schritten und belohnen Sie jede kleine Bewegung, die Ihr Hund mit den Hinterbeinen macht.
5. Steigern Sie die Dauer der Belohnungsfrequenz. Sobald Sie eine ganze Runde um den Gegenstand mit Ihrem Hund bewältigen können, bewegen Sie sich nun, während Sie den Hund füttern. Nachdem der Hund das Leckerli gefressen hat, bleiben Sie stehen. Der Hund sollte Ihnen nun eigenständig folgen, ohne dass Sie sich bewegen.
6. Führen Sie ein Signal (z. B. „Elefant", „Steppen") ein, während der Hund sich um den Gegenstand bewegt.
7. Wiederholen Sie diesen Schritt regelmäßig und entfernen Sie sich ein wenig von dem Gegenstand. Testen Sie, ob Ihr Hund bereits auf das Wortsignal reagiert und sich um den Gegenstand bewegt. Das Ziel besteht darin, dass Sie Ihrem Hund das Signal geben und er sich ohne Ihre Hilfe mit seinen Hinterläufen um den Gegenstand bewegt.

Schwierigkeitsgrad erhöhen:

Um den Schwierigkeitsgrad zu erhöhen, sollte Ihr Hund die Basisübung sicher ausführen können und eine gute Muskulatur haben. Der Einsatz eines Trainingsgerätes wie dem Balancekissen oder dem Wackelbrett erhöht die Schwierigkeit der Übung. Je höher der Gegenstand ist, desto schwieriger wird der Elefantentrick.

Kriechen

Bei dieser Übung wird die Muskulatur ganzheitlich gestärkt. Die Beuger und Strecker werden trainiert und die Rumpfmuskulatur wird gefestigt. Während der Übung befindet sich der Hund im Platz, hebt sich ein paar Zentimeter und bewegt sich in dieser Kriechstellung nach vorne. Führen Sie die Übung langsam aus, damit sich der Hund auf die Bewegung seiner Gelenke konzentrieren kann. Es gibt verschiedene Varianten, um diese Fitnessübung Ihrem Hund beizubringen.

Variante 1:

1. Setzen Sie sich vor Ihren Hund und geben Sie ihm das Platz-Signal. Stellen Sie ein Bein nah am Boden auf, damit Ihr Hund darunter durchkriechen kann.
2. Halten Sie ein Leckerli auf die andere Seite, so dass Ihr Hund unter dem Bein hindurchkriecht. Sobald das funktioniert, können Sie auch beide Beine auf den Boden stellen.
3. Nun können Sie das Signal (z. B. „Kriechen") hinzufügen und die Beine als Hilfsmittel langsam ausschleichen.

> **Tipp:**
> Sie können anstelle Ihrer Beine auch einen niedrigen Tisch nutzen, unter dem Ihr Hund kriechen kann.

Variante 2:

1. Setzen Sie sich vor Ihren Hund und geben Sie ihm das Platz-Signal. Halten Sie ein Leckerli nah am Boden vor die Schnauze Ihres Hundes und ziehen Sie es langsam weg. Bewegt sich Ihr Hund kriechend zum Leckerli, belohnen Sie dieses Verhalten. Geben Sie Ihrem Hund nach jedem kleinen Schritt ein Leckerli und verlängern Sie die Belohnungsabstände. So vermeiden Sie, dass Ihr Hund aufsteht.
2. Verlängern Sie die Strecke. Fügen Sie ein Signal hinzu und wiederholen Sie die Übung, bis sie Ihr Hund gut ausführen kann.

Variante 3:

Manche Hunde zeigen auf natürliche Weise kriechende Bewegungen, zum Beispiel im hohen Gras. Wenn Sie dieses Verhalten belohnen und verstärken, wird Ihr Hund das Kriechen öfter zeigen.

> **Tipp:**
> Kombinieren Sie das Kriechen mit einer Platz-Steh-Übung, um die Muskulatur zu trainieren. Nachdem Ihr Hund eine gewisse Strecke gekrochen ist, soll er von dieser Position ins Steh wechseln.

Gewichtsmanschetten

Gewichtsmanschetten eignen sich sowohl für Fitnessübungen als auch für Spaziergänge. Sie sind besonders praktisch, wenn keine Zeit für das Training bleibt. Befestigen Sie die Gewichtsmanschetten während des Spaziergangs an den Hinterbeinen des Hundes, um dessen Muskeln aufzubauen. Die passende Größe der Gewichtsmanschetten können Sie im Internet bestellen. Die Manschetten sollten sich fest am Gelenk befinden, ohne zu rutschen und ohne zu nah an der Pfote zu liegen. Befestigen Sie die Manschetten immer an beiden Beinen und niemals einseitig.

Es ist wichtig, dass Sie die Manschetten für den Hund positiv aufbauen. Lassen Sie ihn daran schnüffeln, legen Sie die Manschetten an seine Beine und belohnen Sie gutes Verhalten. Gewöhnen Sie Ihren Hund in langsamen Schritten an das Anlegen der Manschetten. Es wird empfohlen, sich von einem Experten beraten zu lassen. Wenn Ihr Hund bereits Probleme mit dem Bewegungsapparat hat, sollten Sie den Einsatz von Gewichtsmanschetten physiotherapeutisch absprechen.

Beginnen Sie damit, die Manschetten ohne Gewichte zu befestigen. Lassen Sie den Hund zunächst für 5 Minuten mit den Manschetten laufen. Nach ein paar Wochen können Sie die Dauer langsam erhöhen und Gewichte hinzufügen. Die Anzahl der Gewichte sollte dem individuellen Leistungsstand des Hundes und der Körpergröße angepasst werden. Am Anfang entsprechen die Gewichte der Körpergröße des Hundes in Gramm.

Beispiel: 5 kg = 5 g

Jedes Mal, wenn Sie ein Gewicht hinzufügen, sollten Sie wieder mit 5 Minuten anfangen und die Dauer langsam verlängern. Die Anzahl der Gewichte sowie die Steigerung sollten Sie mit einem Physiotherapeuten absprechen, da sie individuell auf den Hund und seine Krankheitsgeschichte abgestimmt werden müssen.

Jedes Mal, wenn Sie ein Gewicht hinzufügen, sollten Sie wieder mit 5 Minuten anfangen und die Dauer langsam verlängern.

Wenn Ihr Hund mehrere Übungen gut beherrscht, können Sie diese miteinander kombinieren und einen Trainingszirkel aufbauen.

Tipp: Trainingszirkel für Hunde

Vielleicht erinnern Sie sich noch an das Zirkeltraining im Sportunterricht, das Sie in Ihrer Schulzeit absolvieren mussten. Dabei wurden mehrere Stationen mit verschiedenen Kraftübungen aufgebaut, die im Uhrzeigersinn durchgeführt werden mussten. Ein ähnliches Training gibt es auch für Hunde. Zirkeltraining, auch Crossdogging genannt, wird immer häufiger in Hundeschulen angeboten. Dabei handelt es sich um eine Hundesportart, bei der verschiedene Bereiche der körperlichen und mentalen Fitness gefördert werden. Ein solches Training wirkt sich nicht nur positiv auf die Gesundheit und Fitness des Hundes aus, sondern auch auf seinen Gehorsam und die Bindung zwischen Mensch und Hund. Auf dem Hundeplatz gibt es viele Ablenkungen: andere Hunde, aufregende Gerüche, interessante Menschen. Dies ist eine optimale Trainingssituation, um die Aufmerksamkeit des Hundes auf Sie zu lenken und die Orientierung unter Ablenkung zu trainieren.

Aufbau:

- Achtung: Auch auf dem Hundeplatz das Aufwärmen nicht vergessen!
- Bauen Sie fünf Stationen mit Aufgaben und Übungen auf, die sich mit den fünf Bereichen der körperlichen Fitness (Ausdauer, Kraft, Beweglichkeit, Koordination und Schnelligkeit) und der mentalen Fitness beschäftigen.
- Es befinden sich jeweils zwei Mensch-Hund-Teams an einer Station.
- Die Ausführung der Station kann auf eine bestimmte Zeit (z. B. 2 bis 4 Minuten) begrenzt sein.
- Das aktive Team führt die Übung durch, während das passive Team die Wiederholungen notiert und gegebenenfalls Feedback gibt. Danach tauschen die Teams, so dass das passive Team die Übung durchführen kann.

Zirkeltraining können Sie auch zu Hause durchführen. Bauen Sie in der Wohnung oder im Garten verschiedene Stationen mit Übungen auf, die Ihr Hund bereits gut beherrscht. So kann Ihr Hund schon einmal die Abfolge der Stationen kennen lernen. Wenn Sie wenig Platz in der Wohnung haben, können Sie die Stationen auch in verschiedenen Räumen aufbauen. Das könnte so aussehen:

- Küche: Sitz-Steh-Übung
- Wohnzimmer: Umkreisen eines Gegenstandes und Männchen machen
- Flur: Hürdenlauf
- Schlafzimmer: Leckerlisuche

Fortgeschrittene Muskeltrainingsmethoden

Mensch-Hund-Teams, die im Muskeltraining bereits fortgeschritten sind, können auf komplexere und schwierigere Muskeltrainingsmethoden zurückgreifen. Dazu gehören plyometrisches (Schnellkrafttraining) und funktionelles Training, die nachfolgend erläutert werden. Gut geplante Fitnessprogramme in Form von Periodisierung und Trainingszyklen sind nicht nur für fortgeschrittene Sporthunde geeignet. Ein Hund mit Gelenkerkrankungen profitiert ebenso von einem gezielten Trainingsplan wie ein gesunder Hund. Die Steigerung des Schwierigkeitsgrades, die Kombination verschiedener Übungen und die Erhöhung der Wiederholungen und der Dauer von Fitnessübungen sind Möglichkeiten, das Muskeltraining zu verbessern. Für viele Hunde ist diese Art des Muskeltrainings ausreichend und durch den Einbau abwechslungsreicher Übungen wird es dem Hund nie langweilig. Es gibt jedoch auch andere Trainingsmethoden, die für fortgeschrittene Sporthunde interessant sein können.

Plyometrisches Training für explosive Kraft

Plyometrisches Training ist eine spannende Möglichkeit, die Muskeln von fortgeschrittenen Sporthunden auf ein hohes Leistungsniveau zu trainieren. Das Training hat zum Ziel, dass sich die Muskeln schnell zusammenziehen und gedehnt werden. Daher ist plyometrisches Training vor allem in den Kategorien der Sprungkraft und Belastungsverträglichkeit von großer Bedeutung. Eine gut aufgebaute Muskulatur ist notwendig, um den Hund vor Verletzungen bei explosiven Bewegungen und schnellen Muskelkontraktionen zu schützen.

Alle Hunde springen, sei es auf das Sofa oder über einen Baumstamm. In manchen Hundesportarten wie Agility ist das Springen bei Wettbewerben ein Pflichtelement. Wenn Sie gerne mit Ihrem Hund joggen oder Canicross machen, sind plötzliche Belastungen in der Vorwärtsbewegung unvermeidbar. Eine gute Vorbereitung und das Training der Sprungfähigkeit Ihres Hundes sind von Vorteil. Durch einen gezielten Trainingsaufbau können Sie die dynamische Gelenkstabilität, die exzentrische Kraft sowie die Geschwindigkeit der Kraftausübung erhöhen. Die Reaktionszeit der Muskelkontraktion wird verkürzt, sodass mehr Zeit für die sofortige Kraftausübung bleibt. Dadurch kann der Hund schneller und höher springen oder losrennen, ohne sich dabei zu verletzen.

Was ist Canicross?
Canicross ist eine Zughundesportart, die in Skandinavien entstanden ist und mittlerweile auch in Europa immer beliebter wird. Dabei läuft der Hundebesitzer gemeinsam mit seinem Hund auf Geländewegen und Parcours. Der Hund befindet sich vor dem Hundebesitzer an einer flexiblen Leine und zieht ihn. Der Hundehalter gibt mittels Kommandos Richtungsanweisungen und Stopp-Signale. Für diese Sportart gibt es spezielle Zuggeschirre und Zugleinen. Canicross kann auch mit dem Fahrrad ausgeübt werden. Dabei rennt der Hund vor dem Fahrrad und zieht das Rad, während der Hundehalter auf dem Fahrrad sitzt. Diese Variante wird Bikejöring genannt.

Bevor Sie mit dem plyometrischen Training anfangen, müssen einige Sicherheitsaspekte beachtet werden.

- Führen Sie das Training nicht mit einem kranken oder verletzten Hund durch.
- Der Hund sollte sein Normalgewicht haben, da übergewichtige Hunde die Belastung beim Springen auf die Gelenke verlagern.
- Plyometrisches Training sollte nicht bei Hunden unter zwei Jahren durchgeführt werden, da die Gelenke junger Hunde noch nicht ausreichend entwickelt sind. Die Gelenke älterer Hunde sollten ebenfalls geschont werden und sind daher für dieses Training nicht geeignet.
- Der Hund sollte über eine gute Rumpfmuskulatur und Ausdauer verfügen. Er sollte in der Lage sein, mindestens 15 Minuten hochintensives Training zu absolvieren. Wenn Ihr Hund nach dem Training Muskelkater hat, ist sein Trainingsstand noch nicht hoch genug.
- Flexibilität ist für das Training besonders wichtig. Der Hund muss sich in alle Richtungen gut strecken können und eine ausgeprägte Beweglichkeit aufweisen.
- Für das Springen sollte er ein gutes Gleichgewicht haben, um Sprünge gut kontrollieren und meistern zu können.
- Vor dem Training sollte Ihr Hund aufgewärmt sein.

Achtung!
Vermeiden Sie das tägliche Training von plyometrischen Übungen. Zwischen den Trainingstagen sollte Ihr Hund zwei Tage Pause machen, um den Körper nicht zu überlasten. Dies kann sich negativ auf den Trainingserfolg auswirken.

Das brauchen Sie für plyometrisches Training:

Für das Sprungtraining benötigen Sie Hürden. In der Natur können Sie zum Beispiel dicke Äste verwenden, um einen Hürdenlauf aufzubauen. Sie können im Internet ein Hürden-Set kaufen oder Sie nutzen Besenstiele als Hindernisse. Sie können die Hindernisse mithilfe von Blumenkästen, Büchern, Boxen oder Baumstämmen und Steinen erhöhen.

Wie können Sie Ihren Hund dazu motivieren, über die Hindernisse zu springen?

Bevor Sie mit dem Training von mehreren Hindernissen beginnen, sollten Sie Ihrem Hund zunächst beibringen, wie er über eine Hürde springt. Manchen Hunden bereitet das Springen an sich schon viel Freude und ist ein selbstbelohnendes Verhalten. Motivieren Sie Ihren Hund mithilfe von Futter oder Spielzeug. Setzen Sie Ihren Hund mit ausreichend Abstand vor das Hindernis und lassen Sie ihn dort warten. Gehen Sie auf die andere Seite, sodass sich die Hürde zwischen Ihnen und Ihrem Hund befindet. Rufen Sie nun Ihren Hund. Viele Hunde springen automatisch über die Hürde. Belohnen Sie Ihren Hund, indem Sie ihm ein Leckerli oder Spielzeug geben, wenn er über die Hindernisse springt.

Legen Sie ein Spielzeug auf die andere Seite und positionieren Sie sich wieder neben Ihrem Hund. Geben Sie Ihrem Hund nun das Signal, Ihnen das Spielzeug zu bringen. Wenn er über die Hindernisse springt und zurückkommt, belohnen Sie ihn mit einer ausgiebigen Spieleinheit. Sie können auch das Spielzeug oder ein Leckerli über das Hindernis werfen.

Als Alternative können Sie zunächst gemeinsam mit Ihrem Hund über das Hindernis springen, um ihm zu zeigen, dass er keine Angst davor haben muss. Motivieren Sie Ihren Hund durch Ihre Stimme und belohnen Sie ihn ausgiebig, wenn er über die Hürde springt. Falls Ihr Hund neben dem Hindernis herläuft, sollten Sie den Bereich begrenzen, beispielsweise durch eine Mauer, einen Busch oder eine Wand. Wenn Sie das Hindernis zunächst niedrig halten, vermeiden Sie, dass Ihr Hund unter die Hürde läuft, anstatt darüber zu springen. Wenn Sie die Hürde höher legen, sollte Ihr Hund bereits verstanden haben, dass er über das Hindernis springen soll.

Sobald Ihr Hund das Springen sicher beherrscht, können Sie ein Signal (z. B. „Hopp") kurz vor dem Sprung einführen. Lassen Sie Ihren Hund die Sprünge aus verschiedenen Winkeln ausführen. Ihr Hund wird das Signal bald mit dem Sprung verknüpfen und auf Kommando springen können.

Ablauf:

1. Bauen Sie 3 bis 5 Hindernisse auf, die Ihr Hund überqueren muss. Der Abstand zwischen den Hürden ist von der Größe des Hundes abhängig. Zwischen den Hürden sollte die doppelte Körpergröße Ihres Hundes Platz haben.
2. In den ersten Monaten sollten Sie 3 bis 5 Sprünge durchführen. Fangen Sie mit niedrigen Hürden an. Bei manchen Hunden reichen schon ein paar Zentimeter aus. Richten Sie sich dabei stets nach dem Trainingsstand und der Leistungsfähigkeit Ihres Hundes.
3. Geben Sie Ihrem Hund das Signal, über die Hindernisse zu springen. Nachdem er über alle Hürden gesprungen ist, gehen Sie zurück und starten wieder von vorne. Wiederholen Sie diese Übung 3- bis 5-mal.
4. Nach zwei Tagen können Sie weiter üben. Nach einer Woche können Sie die Wiederholungen langsam erhöhen.

Schwierigkeitsgrad erhöhen:
Um den Schwierigkeitsgrad zu erhöhen, sollte Ihr Hund die Basisübung sicher ausführen können. Die Übungen können schwieriger gestaltet werden, indem die Höhe der Hürden und die Anzahl der Wiederholungen gesteigert werden sowie der Abstand zwischen den Hürden verringert wird. Eine Möglichkeit wäre, mehrere Hürden eng nebeneinander zu platzieren, sodass Ihr Hund weiter springen muss.

Tipp:
Die Kombination von plyometrischen Übungen mit Kraft- oder Sprinttraining wirkt sich besonders gut auf das Training Ihres Hundes aus.

Schwierigkeitslevel	**Übung**	**Variation**
Leicht	Absteigen von niedrigem Podest (z. B. Puzzlekarton, Schuhkarton, Balancekissen, flacher Stein, Kiste)	Vorderbeine steigen einzeln von der Plattform ab und der Hund geht ins Sitz
Leicht	Sprintübungen um einen Marker (z. B. Kegel, Stein, Poller, Kiste)	plötzliches Stoppen und Starten trainieren
Leicht bis Mittel	Sitz-Steh-Übung	Platz-Steh-Übung
Leicht bis Mittel	auf einen stabilen Gegenstand / eine stabile Oberfläche springen	-
Mittel bis Schwer	Weitsprung	unterschiedliche Abstände zwischen den Hindernissen (z. B. 2-mal normaler Sprung, Weitsprung, normaler Sprung)
Schwer	Sprung mit anschließendem Richtungswechsel	-
Sehr schwer	Trainingszirkel und Kombination der Übungen	-

Functional Training für Alltagsbewegungen

Jedes Lebewesen muss sich im Alltag bewegen. Auch Ihr Hund bewegt sich täglich auf Spaziergängen und geht seinen individuellen Bedürfnissen nach. Vielen Hundehaltern ist nicht bewusst, dass trotz langer Spaziergänge die Beweglichkeit und Fitness des Hundes eingeschränkt sein kann. Während des Spaziergangs wird der Hund durch viele Gerüche abgelenkt und bewegt sich automatisch. Er ist sich seiner Bewegungen nicht bewusst. Alltägliche Bewegungen und gezieltes Bewegungstraining sind zwei unterschiedliche Bewegungsabläufe des Hundes. Gezieltes Bewegungstraining durch Fitnessübungen wirkt sich positiv auf den Alltag Ihres Hundes aus, gibt ihm mehr Sicherheit und ein besseres Körpergefühl. Dies beeinflusst und verbessert die alltäglichen Bewegungsabläufe (z. B. Sitz, Platz, Treppensteigen, Bergauf- und Bergabgehen, Gangfehler) Ihres Hundes.

Funktionelles Training orientiert sich an den natürlichen Bewegungen von Bedürfnissen des Hundes. Dabei stehen Alltagsbewegungen (z. B. Sitzen, Stehen, Laufen, Bücken) im Fokus. Der gesamte Körper wird als eine Einheit betrachtet, um mit Hilfe von Bewegungsabläufen alle Muskelgruppen zu stärken. Beim Functional Training wird auf Trainingshilfen verzichtet. Stattdessen steht das Ganzkörpertraining im Vordergrund, um körperliche Beschwerden (z. B. Gelenkschmerzen) durch einseitiges Training zu vermeiden. Die Muskulatur soll dynamisch und stabilisierend arbeiten, damit der Hund das Fitnesstraining bewusst aus eigener Kraft durchführen kann. Die Rumpfmuskulatur wird besonders gefördert, da sie die Körpermitte stabilisiert und für die richtige Ausführung der Übungen wichtig ist. Ziel des funktionellen Trainings ist es, dass sich die Fitnessübungen in Zukunft auf die alltäglichen Bewegungsabläufe des Hundes positiv auswirken. So können z. B. das Gangbild und Fehlstellungen verbessert werden.

Alltägliche Bewegungen des Hundes:

- Sitzen
- Stehen
- Platz
- Schritt
- Trab
- Galopp
- Strecken
- Beugen
- Drehen
- Springen
- Stoppen
- Richtungswechsel

Periodisierung und Trainingszyklen für langfristige Erfolge

Möchten Sie Ihren Hund in allen Bereichen der körperlichen Fitness stärken oder hat Ihr Hund verschiedene körperliche Baustellen, die Sie gleichzeitig trainieren möchten? Es ist wichtig, die körperlichen Defizite Ihres Hundes zu erkennen, aber das Training sollte nicht überstürzt und planlos durchgeführt werden. Ein solches Vorgehen kann dazu führen, dass nicht nur der Hund von den vielen Fitnessübungen überfordert wird, sondern auch Sie als Hundehalter. Der Trainingserfolg wird negativ beeinflusst und auf beiden Seiten stauen sich Frust und Unzufriedenheit auf.

Bei der Periodisierung teilen Sie das Training nach dem Schwerpunkt auf, der für Ihren Hund zum aktuellen Zeitpunkt die höchste Priorität hat. Sie können sich während des Trainings auf eine Fähigkeit und Übung fokussieren. Durch die Wiederholung der Trainingszyklen schaffen Sie durch eine systematische Abfolge einen Trainingsplan, mit dem Sie schneller das individuelle Trainingsziel Ihres Hundes erreichen. Muskel- und Ausdauertraining können Sie nicht einfach miteinander verknüpfen. Einige Bereiche der körperlichen Fitness sollten Sie daher getrennt voneinander üben.

Die Zyklen der Periodisierung

Makrozyklus

Der Makrozyklus ist die mehrmonatige Trainingsphase. Es handelt sich um einen langfristigen Trainingsplan und dauert in der Regel um die 3 bis 12 Monate. Mit dem Makrozyklus möchten Sie ein großes Ziel erreichen oder sich auf einen Wettkampf vorbereiten.

Ziele können sein:

- 10 km Fahrradfahren
- 5 kg abnehmen
- Hindernisparcours durchlaufen
- Korrektur des Gangbildes

Mesozyklus

Mesozyklen sind Phasen innerhalb des Makrozyklus. Ein Mesozyklus dauert 4 bis 8 Wochen und beinhaltet das Training eines Bereiches der körperlichen Fitness (z. B. Muskelaufbau, Technik, Ausdauer). Nach 4 bis 8 Wochen startet der nächste Mesozyklus mit dem Fokus auf eine andere Kategorie. Mithilfe der Mesozyklen erreichen Sie das Ziel des Makrozyklus.

Mikrozyklus

Mithilfe des Mikrozyklus planen Sie das Training für die nächste Woche. Sie bestimmen, welche Fitnessübungen, Intensitäten und Trainingsumfänge Sie in den Trainingsplan von einer Woche integrieren möchten. Mithilfe der Mikrozyklen erreichen Sie das Ziel des Mesozyklus.

Beispiel einer Periodisierung im Training:

Zyklus	Makrozyklus	Mesozyklen	Mikrozyklen
Ziel	Hindernisparcours durchlaufen (Wettbewerb)	einen Bereich der körperlichen Fitness fördern	Übungen für den jeweiligen Mesozyklus ausführen
Anzahl	1 Makrozyklus	4 Mesozyklen (Muskelaufbau, Ausdauer, Technik, Koordination)	32 Mikrozyklen
Dauer	32 Wochen (8 Monate)	8 Wochen	1 Woche

Beispiel für einen Mikrozyklus:

- Makrozyklus: 7. Woche
- Mesozyklus: Muskelaufbau
- Mikrozyklus: 7. Woche

Wochentag	Dienstag	Donnerstag	Samstag
Aufwärmen	5 Minuten Spazierengehen (Schritt und Trab) 5 Minuten Dehnübungen und Muskelerwärmung	5 Minuten Spazierengehen (Schritt und Trab) 5 Minuten Dehnübungen und Muskelerwärmung	5 Minuten Spazierengehen (Schritt und Trab) 5 Minuten Dehnübungen und Muskelerwärmung
Training	Sitz-Steh Platz-Steh Kriechen (Strecke: 1 m) Männchen-Position	Sitz-Steh Platz-Steh Balancekissen Kriechen (Strecke: 1 m) Männchen-Position	Sitz-Steh mit Podest und Balancekissen Kriechen (Strecke: 1 m) Männchen-Position
Wiederholungen	jeweils 6–12	jeweils 6–12	jeweils 6–12
Montag, Mittwoch, Freitag und Sonntag Ruhetag!			

Beispiel für einen Mikrozyklus

- Makrozyklus: 10. Woche
- Mesozyklus: Ausdauer
- Mikrozyklus: 2. Woche

Wochentag	Dienstag	Donnerstag	Samstag
Aufwärmen	10 Minuten Spazierengehen (Schritt und Trab)	5 Minuten Spazierengehen (Schritt und Trab) 5 Minuten Übungen für den Muskelaufbau	10 Minuten Spazierengehen (Schritt und Trab)
Training	Joggen (1 km bzw. 5 Minuten)	Fahrradfahren (1 km bzw. 5 Minuten)	Joggen oder Fahrradfahren (1–2 km bzw. 5–8 Minuten)
Montag, Mittwoch, Freitag und Sonntag Ruhetag!			

Bewegungstraining für Hunde

DAS RICHTIGE MASS AN BEWEGUNG

Eine der häufigsten Diskussionen unter Hundehaltern ist die Frage nach dem richtigen Maß an Bewegung für den Hund. Wie viel Auslauf braucht ein Hund? Das hängt immer vom Alter, der Rasse, dem Gesundheitszustand und dem Charakter des Hundes ab. Ein ausreichendes Maß an Bewegung gehört zu einer artgerechten Hundehaltung, aber dennoch sind pauschale Aussagen über die Auslastung und den Bewegungsdrang des Hundes nicht möglich.

Wenn nach der Bewegung gefragt wird, sollte auch die Frage nach Ruhe und Schlaf gestellt werden. Ein erwachsener Hund benötigt etwa 18 bis 20 Stunden Schlaf oder Ruhe pro Tag, einschließlich des Tiefschlafs in der Nacht, Schlafphasen am Tag und Ruhephasen, in denen der Hund vor sich hin döst, sich entspannt und seine Kräfte sammelt. Welpen und alte Hunde benötigen sogar bis zu 22 Stunden Schlaf- und Ruhephasen.

Was sind Ruhetage?

Im Fitnesstraining sind Ruhetage für den Trainingserfolg unerlässlich. Ohne Regenerationszeit können Muskeln nicht aufgebaut werden, das Immunsystem wird anfälliger und die Verletzungsgefahr durch Müdigkeit und Erschöpfung steigt. Gerade beim Muskelaufbau brauchen die Muskeln eine Regenerationsphase, in der Muskeln, Sehnen und Bänder wachsen können. Nach der Ruhepause ist Ihr Hund wieder gestärkt, hat genügend Energie und Motivation für das Training.

Um die Anzahl der Ruhetage für Ihren Hund zu bestimmen, müssen Sie seine Körpersprache und sein Verhalten gut lesen und beobachten können. Die Erholungspause hängt immer vom Fitnesslevel Ihres Hundes, der Intensität und dem Schwierigkeitsgrad der Fitnessübungen und dem individuellen Charakter Ihres Hundes ab. Benimmt sich Ihr Hund nach dem Training normal? Oder ist er sehr ruhig? Sind seine Bewegungen eher schwerfällig? Wenn Sie feststellen, dass Ihr Hund Muskelkater hat, sollten Sie die Ruhetage anpassen und das Trainingspensum ändern.

Die Pausen während des Trainings sollten zwischen 30 und 60 Sekunden dauern. Gestalten Sie die Pause aktiv, indem Sie mit Ihrem Hund im Schritt oder Trab laufen, eine Schnüffeleinheit einbauen oder ihn suchen lassen. So bleibt der Körper in Bewegung und Sie vermeiden Frust, bis Sie mit der nächsten Fitnessübung weitermachen.

Ruhetage sind nicht nur für die Fitness des Hundes wichtig, sondern auch für die Verarbeitung von Stresssituationen. Stress löst beim Hund Hormone aus, die noch lange im Kreislauf des Hundes bleiben. Wenn der Hund über mehrere Tage unter Dauerstress steht, findet er nicht mehr in den Ruhezustand zurück. Chronischer Stress beeinträchtigt die Körperfunktionen und das Wohlbefinden des Hundes. Ein Hund, der nicht genügend Ruhe- und Schlafphasen hat, zeigt häufig Verhaltensauffälligkeiten.

Tipp:
Um die Fitness Ihres Hundes zu überprüfen, können Sie die Pausen während einer Trainingseinheit auslassen. Wenn Ihr Hund die Übungen sauber hintereinander durchführen kann, hat sich seine Leistungsfähigkeit verbessert. Wenn Sie im Training nicht weiterkommen, sollten Sie alle Faktoren (z. B. Regenerationszeit und Ausführung der Übungen) berücksichtigen, die dem Trainingserfolg im Weg stehen könnten.

Es gibt viele Mythen und Falschaussagen über den Bewegungsbedarf des Hundes. Ein Australian Shepherd braucht ausreichend Bewegung, aber eine Überforderung kann auch nach hinten losgehen. Arbeits- und Hütehunde müssen lernen, Ruhe zu ertragen. Für solche Hunde sind Ruheübungen schon anstrengend genug und stellen auch eine Form der geistigen Auslastung dar. Es ist auch ein weit verbreiteter Mythos, dass kleine Hunde nicht so viel Auslastung brauchen wie große Hunde. Wie Sie sehen, ist das richtige Maß an Bewegung von Hund zu Hund unterschiedlich. Trotzdem gilt: Jeder Hund will sich bewegen. Ohne ausreichende Bewegung sinkt die Lebensqualität und es treten Verhaltensprobleme auf. Das richtige Maß ist individuell vom Hund abhängig und wichtig für seine Gesundheit.

Das Alter des Hundes

Je älter ein Hund wird, desto weniger Bewegungsdrang hat er. Das kann an Schmerzen, Arthrose oder an der Zurückbildung der Muskeln und Knochen liegen. Dennoch ist es wichtig, dass ein alter Hund regelmäßig bewegt wird. Andernfalls wird er noch unbeweglicher und steifer, was wiederum noch mehr Schmerzen beim Bewegen verursacht. Ein Teufelskreis entsteht. Mehrere kurze Spaziergänge am Tag sind für ältere Hunde gut für das Herz-Kreislauf-System. Abwechslungsreiche Übungen und mentale Auslastung können dazu beitragen, dass Spaziergänge für Ihren Hund auch im Alter aufregend sind und er fit bleibt.

Die 5-Minuten-Regel ist in der Hundewelt immer noch weit verbreitet, obwohl sie längst überholt ist. Sie besagt, dass Hundehalter mit einem 3 Monate alten Welpen nur 5 Minuten pro Lebensmonat spazieren gehen sollten. Ein 4 Monate alter Welpe dürfte demnach am Tag nur 20 Minuten draußen sein. Diese Regel kann für Hundebesitzer zwar eine gute Orientierung bieten, hat aber keinen Nutzen und kann sich im schlimmsten Fall sogar negativ auf die Sozialisierung des Hundes auswirken. Die Bewegungsfreiheit des jungen Hundes wird eingeschränkt, was zu einer unzureichenden Entwicklung der

Gelenke und Muskulatur führen kann. Es ist wichtig, dass sich ein Welpe oder Junghund ausreichend bewegen kann. Ein längerer Spaziergang ist unbedenklich, solange der Welpe nicht dazu gezwungen wird. Sobald Ihr Hund Anzeichen von Müdigkeit zeigt oder keine Lust mehr hat, sollten Sie den Spaziergang sofort beenden. Achten Sie darauf, Ihrem Welpen ausreichend Schlaf- und Ruhephasen zu gönnen und ihn regelmäßig nach draußen zu bringen, damit er stubenrein wird.

Merke:
Geben Sie Ihrem Welpen die Freiheit, alles auszuprobieren, solange er selbstständig und freudig dabei ist. Bewegen Sie sich im Tempo Ihres Welpen und hetzen Sie ihn nicht. Sobald er stehen bleibt, sich hinlegt oder hinsetzt, sollten Sie eine Pause einlegen oder den Spaziergang abbrechen. Wenn Ihr Welpe nicht mehr laufen will, tragen Sie ihn nach Hause.

Rasseeigenschaften, Charakter und Körperbau

Jede Hunderasse wurde für einen anderen Zweck gezüchtet. Es gibt Arbeitshunde und Hütehunde, die gerne arbeiten und viel Bewegung brauchen. Es gibt Familienhunde, die für alles zu haben sind, aber auch mal mit weniger Auslauf gut zurechtkommen und sich schnell an den Alltag des Menschen anpassen. Es ist also wichtig, sich einen Hund anzuschaffen, der zur eigenen Lebenssituation und zum eigenen Lebensstil passt. Aktive Hundehalter, die gerne in der Natur unterwegs sind, zudem sportbegeistert sind und genügend Zeit für einen Arbeitshund haben, sind mit Rassen wie dem Border Collie oder dem Australian Shepherd, die einen hohen Bewegungsdrang mitbringen, gut beraten. Ein Mops wäre hier die falsche Wahl.

Auch innerhalb einer Hunderasse gibt es Hunde, die aufgrund Ihres Charakters eher zur Couchpotato oder zum Hibbelhund tendieren. Ein Retriever, der für die Wasserjagd gezüchtet wurde, freut sich schon beim Anblick eines Sees. Es gibt aber sicher auch Retriever, die aufgrund des Charakters oder einer unsicheren Prägungsphase nicht gerne ins Wasser gehen. Probieren Sie eine Vielfalt sportlicher Aktivitäten und beobachten Sie, welche Ihrem Hund am besten gefällt und woran er Spaß hat. Wenn Ihr Hund nicht gerne ins Wasser geht, aber beim Agility Feuer und Flamme ist, sollten Sie ihn auch nicht zum Schwimmen zwingen.

Der Körperbau eines Hundes ist auch entscheidend für seine Bewegung. Ein Windhund, dessen Körper für die Hetzjagd gezüchtet wurde, rennt für sein Leben gern und braucht diese Auslastung bis zu einem gewissen Grad. Eine gemütliche Dogge hat diesen Bewegungsdrang wahrscheinlich nicht. Hunde mit Qualzuchtmerkmalen (z. B. Französische Bulldogge, Mops) sind aufgrund ihres Körperbaus bei sportlichen Aktivitäten schnell erschöpft und müssen viele Pausen einlegen. Hartnäckig hält sich auch der schlechte Ruf kleiner Hunde, die verniedlicht und eher als Kuscheltier denn als Hund angesehen werden. Kleine Hunde haben genau wie große Hunde vier Beine und wollen wie jeder gesunde Hund bewegt werden, ihren hündischen Bedürfnissen nachgehen und spannende Ausflüge erleben.

Erkrankungen und Fitnesslevel

Ein kranker Hund sollte nicht bewegt werden. Wenn Ihr Hund eine Erkältung oder einen Magen-Darm-Infekt hat oder allgemein schlapp wirkt, sollten Sie vorerst auf Sport verzichten. Er braucht Energie, um die Krankheit zu bekämpfen. Dies geschieht nur, wenn der Hund sich genügend ausruht und seine Energie nicht für anstrengende Ausflüge verschwendet. Wenn es Ihnen nicht gut geht, fühlen Sie sich auch nicht in der Lage, Sport zu treiben. Dasselbe gilt für Ihren Hund.

Die körperliche Verfassung des Hundes bestimmt, wie viel er sich bewegen kann. Ein Hund, der dreimal täglich 30 bis 60 Minuten spazieren geht, kann nicht auf eine Tageswanderung mitgenommen werden. Wie der Mensch muss auch der Hund Kondition und Muskeln aufbauen. Der Grad der Bewegung hängt daher auch von dem Fitnesslevel und der Kondition des Hundes ab und sollte langsam gesteigert werden.

Wenn Ihr Hund hinkt, lahmt oder Bewegungen vermeidet, sollten Sie diese Warnsignale niemals ignorieren. Vermeiden Sie körperliche Anstrengung und suchen Sie umgehend einen Tierarzt auf, um die Ursache abzuklären. Die Gesundheit Ihres Hundes ist wichtig für seine Bewegung und Lebensqualität. Auch wenn sich Ihr Hund bei den täglichen Spaziergängen bewegt, baut er nicht genügend Muskeln auf, um seine Gelenke zu stützen. Haben Sie einen Hund, der unter Gelenkschmerzen oder anderen gesundheitlichen Beeinträchtigungen leidet? Hat Ihr Hund eine Operation hinter sich, durch die er Muskeln verloren hat? Es liegt in Ihrer Verantwortung, die Gesundheit Ihres Hundes zu verbessern. Sprechen Sie mit Ihrem Tierarzt oder Tierphysiotherapeuten über einen Fitnessplan. Machen Sie kurze Spaziergänge und überanstrengen Sie Ihren Hund nicht. Bauen Sie die körperliche Fitness Ihres Hundes langsam auf und achten Sie darauf, seine Gelenke und Muskeln nicht zu überlasten. Dies kann zu Verletzungen, Schäden und weiteren Schmerzen führen. Achten Sie auf die Gesundheit Ihres Hundes. Es gibt nichts Schöneres, als wenn ein Hund endlich wieder Freude an der Bewegung hat und seine Bedürfnisse unbeschwert ausleben kann.

Temperaturen und Wetterbedingungen

Wenn Sie mit Ihrem Hund im Freien unterwegs sind, sollten Sie die Witterungsbedingungen berücksichtigen. Hunde vertragen Hitze nicht gut und auch zu niedrige Temperaturen sind für lange Spaziergänge nicht geeignet. Im Sommer sollten Sie Ihre Spaziergänge in die Morgen- oder Abendstunden legen, wenn es noch kühl ist. Vermeiden Sie sportliche Aktivitäten in der Mittagssonne und auf heißem Asphalt. Im Winter können Sie Ihrem Hund einen Mantel anziehen, damit er nicht friert. Wenn es regnet, können Sie Ihren Hund mit einer Regenjacke ausstatten.

Im Allgemeinen schadet es nicht, wenn Spaziergänge wegen schlechten Wetters ausfallen. Dies sollte aber nicht die Regel sein. Im Sommer können Sie die Spaziergänge einfach auf die Morgen- und Abendstunden verlegen. Was aber, wenn es über einen längeren Zeitraum ununterbrochen regnet? Wenn sich das Wetter über mehrere Wochen nicht bessert, sollten Sie Ihren Hund auch bei Regen und Nässe ausreichend bewegen. Einigen Hunden ist der Regen egal. Sie bewegen sich gerne und die Nässe macht ihnen nichts aus. Es gibt aber auch Hunde, die schon beim kleinsten Regentropfen zurück in die Wohnung wollen. Um dieses Verhalten nicht zu verstärken, können Sie einige Tricks und Tipps ausprobieren, damit Ihr Hund auch bei Regen gerne nach draußen geht. Denken Sie aber daran, dass auch Hunde sich bei schlechtem Wetter schnell erkälten und bei niedrigen Temperaturen auskühlen können. Bei Sturm und Gewitter sollten Sie natürlich in der Wohnung bleiben.

- Nehmen Sie einen Regenschirm mit, ziehen Sie sich eine warme Regenjacke und Gummistiefel an. Dadurch sind Sie gleich viel selbstbewusster, wenn Sie mit dem Hund nach draußen gehen.
- Eine Regenjacke kann für viele Hunde einen wahren Unterschied machen. Ein Hund, der zuvor nicht gerne bei Regen spazieren ging, findet es plötzlich nicht mehr so schlimm. Das ist verständlich, da er nicht mehr so nass wird wie zuvor.
- Lassen Sie Ihren Hund im Regen nach Leckerlis suchen. Dadurch konzentriert er sich auf eine Aufgabe und er vergisst schnell, dass er eigentlich nass wird.
- Auch wenn die Motivation bei schlechtem Wetter gering ist, sollten Sie bei Regen ein Spielzeug oder den Futterdummy mitnehmen. Versuchen Sie, Apportierspiele oder Zerrspiele mit Ihrem Hund zu machen.

Alternative Auslastungen bei schlechtem Wetter

Wenn der Spaziergang aufgrund des Wetters kürzer ausfällt, können Sie Ihren Hund in der Wohnung mental auslasten. Eine Möglichkeit wäre, den Hund auf sein Körbchen zu schicken und ihm zu sagen, dass er warten soll. Anschließend können Sie Leckerlis in der gesamten Wohnung verstecken. Dabei sollten Sie darauf achten, dass Ihr Hund an das Futter kommt, auch wenn es an ungewöhnlichen Orten versteckt ist. Danach können Sie zu Ihrem Hund zurückkehren und ihn suchen lassen. Die meisten Hunde beschäftigt das Verstecken von Leckerlis für eine ganze Weile. Selbst wenn sie alle Leckerlis gefunden haben, suchen sie immer noch für ein paar Minuten weiter. Diese Art der Nasenarbeit ist für Hunde unfassbar anstrengend und sorgt für eine gute Auslastung. Alternativ können Sie das Spielzeug oder den Futterdummy des Hundes verstecken. Dabei sucht der Hund jedoch vorrangig mit den Augen und nicht mit der Nase.

Eine weitere Möglichkeit ist die Verlagerung der Fitnessübungen in die Wohnung. Einfache Ausführungen wie Sitz-Steh-Übungen verlangen nicht viel Platz und sind gut für die körperliche Fitness des Hundes. Das Üben von Tricks bietet ebenfalls eine gute Möglichkeit der Beschäftigung des Hundes.

Zudem gibt es eine Vielzahl an Intelligenzspielzeugen auf dem Markt. Dazu gehören zum Beispiel Schleckmatten, der Schnüffelteppich oder Bälle, in denen Leckerlis versteckt werden. Einen Schnüffelteppich können Sie auch ganz leicht selbst herstellen.

Anleitung: Schnüffelteppich

Das brauchen Sie:

- 2 alte Fleecedecken oder Stoffreste (z. B. alte Badetücher, Bettdecken, Socken, T-Shirts)
- Spülbeckeneinlage oder Abtropfmatte mit Löchern (Gitterform)
- Schere

So geht's:

1. Schneiden Sie die Stoffreste 2 bis 3 cm breit und 15 bis 20 cm lang.
2. Ziehen Sie einen Stoffrest durch zwei Löcher der Spülbeckeneinlage.
3. Verknoten Sie die beiden Enden miteinander. Wiederholen Sie diesen Vorgang, bis die gesamte Matte mit Stoffresten gefüllt ist.
4. Nun können Sie Leckerlis in dem Schnüffelteppich verstecken und Ihren Hund suchen lassen.

Unterforderung und Überforderung

Aktive Hunde kennen keine Grenzen, wenn es um Bewegung geht. Besonders anfällig für diese Art der Überforderung sind z. B. Border Collie, Australian Shepherd, Schäferhund, Weimaraner, Münsterländer, Labrador, Golden Retriever und viele mehr. All diesen Hunderassen ist gemeinsam, dass sie einst für einen bestimmten Zweck gezüchtet wurden, der eine hohe körperliche Belastung erforderte. Der Border Collie wurde ursprünglich zum Treiben und Bewachen einer Schafherde eingesetzt, während der Münsterländer für lange Jagdausflüge im Wald gezüchtet wurde. Diese Hunderassen würden am liebsten den ganzen Tag Frisbee spielen und Fahrrad fahren. Damit steigt die Gefahr, dass sich der Hund zu einem hyperaktiven Wesen entwickelt, das nicht zur Ruhe kommt und ständig Beschäftigung fordert. Viele Hundebesitzer machen den Fehler, diesem Wunsch nachzugeben. Der Hund pusht sich noch mehr hoch und sein Bedürfnis nach Beschäftigung nimmt kein Ende, was nicht gesund ist. Deshalb ist es wichtig, dass diese Hunderassen von Anfang an lernen, ruhig zu sein. Sie müssen lernen, auch mal nicht an der Reihe zu sein, im Körbchen zu liegen und zu schlafen. Auch wenn Arbeitshunde sehr belastbar sind, braucht jeder Hund Ruhe und Schlaf, um sich zu regenerieren.

Hunde, die nicht genügend Auslauf, Beschäftigung und Bewegung erhalten, sind unterfordert und gelangweilt. Dies äußert sich meist in Verhaltensauffälligkeiten. Der Hund reagiert intensiver auf andere Reize, zeigt aggressives Verhalten und Zerstörungswut. Vielleicht haben Sie auch schon einmal ein zerstörtes Kissen oder Spielzeug im Wohnzimmer liegen gehabt. Ein dauerhafter Bewegungsmangel wirkt sich negativ auf die körperliche und psychische Gesundheit des Hundes aus.

Wie viel und in welchem Maß sich Ihr Hund bewegt, ist von vielen Faktoren abhängig, die auf jeden Fall berücksichtigt werden sollten. Für viele Hundehalter ist es nicht einfach, das richtige Maß an Bewegung für ihren Hund zu finden. Vor allem, wenn der Hund gerade erst eingezogen ist, braucht es Zeit, um ihn kennen und einschätzen zu lernen. Machen Sie sich darüber nicht zu viele Gedanken. Es ist in Ordnung, wenn Sie noch nicht genau wissen, was Ihrem Hund Spaß macht und was er braucht. Genießen Sie die Zeit mit Ihrem Hund, bauen Sie eine gute Bindung zu ihm auf und lernen Sie, seine Körpersprache zu lesen. Geben Sie Ihrem Hund so viel Bewegung, dass er nach dem Spaziergang gemütlich in seinem Körbchen schläft. Beobachten Sie das Verhalten Ihres Hundes, wenn Sie ihm mehr oder weniger Auslauf geben. So können Sie herausfinden, wie viel Bewegung Ihrem Hund guttut. Es ist wichtig, dass Sie sich nicht auf bestimmte Vorgaben oder Zeiten fixieren, da das richtige Maß an Bewegung für jeden Hund individuell ist. Finden Sie heraus, was Ihnen und Ihrem Hund Spaß macht, und gönnen Sie ihm ausreichende Ruhezeiten.

Lauftraining und Ausdauerübungen

Haben Sie schon einmal versucht, mit Ihrem Hund Fahrrad zu fahren? Mussten Sie Ihren Hund dabei regelrecht mitziehen oder konnte er bereits nach einigen Minuten nicht mehr mithalten und fiel nach hinten zurück? Dies könnte auf seine mangelnde Ausdauer zurückzuführen sein. Ein gesundes Herz-Kreislauf-System ist für die körperliche Fitness von großer Bedeutung. Ihr Hund wird dadurch belastbarer, kann auf langen Spaziergängen und Wanderungen besser mithalten und regeneriert sich schneller nach dem Training.

Hunde können durch regelmäßige Bewegung wie Spaziergänge, Fahrrad fahren, Joggen oder Schwimmen eine gute Ausdauer entwickeln. Beim Ausdauertraining sollten Sie darauf achten, dass die Gelenke Ihres Hundes nicht übermäßig belastet werden. Es ist ratsam, ausreichend Trainingspausen einzulegen und Ihrem Hund jederzeit Zugang zu Wasser zu gewähren. Beginnen Sie das Training mit kurzen und leichten Einheiten, um eine Überforderung des untrainierten Hundes zu vermeiden. Beachten Sie, dass bestimmte Hunderassen aufgrund ihrer Zuchtmerkmale (z. B. Mops oder Französische Bulldogge) nicht ausreichend Luft bekommen und daher bei sportlichen Aktivitäten dieser Art gefährdet sind.

Spazieren gehen

Bevor Sie mit dem Joggen oder Fahrradfahren anfangen, sollten Sie die Ausdauer Ihres Hundes auf den Spaziergängen zunächst testen und gegebenenfalls trainieren. Regelmäßige Spaziergänge sind ein Muss für Hunde und halten sie körperlich fit. Eine Runde um den Block verbessert kaum die Ausdauer Ihres Hundes. Gehen Sie maximal eine Stunde mit Ihrem Hund spazieren und beobachten Sie, wie es ihm dabei geht. Läuft er eifrig voraus oder kommt er nach einer bestimmten Zeit nicht mehr hinterher? Beachten Sie die Wetterbedingungen. Hohe Temperaturen können dazu führen, dass Hunde schneller ermüden, während bei niedrigen Temperaturen die Muskeln langsamer warm werden. Nach dem Spaziergang sollten Sie das Verhalten Ihres Hundes beobachten. Wenn er sich wie gewohnt verhält, ist alles in Ordnung. Legt er sich jedoch sofort hin und schläft, könnte er erschöpft sein. Dies ist jedoch vollkommen normal. Wenn ein Hund nach dem Spaziergang unruhig bleibt, kann dies ein Anzeichen dafür sein, dass der Spaziergang zu lang oder zu anstrengend war. Es ist wichtig, die körperlichen Grenzen des Hundes zu respektieren und sicherzustellen, dass er genügend Ruhepausen hat. Sobald Ihr Hund eine Stunde im normalen Tempo mitlaufen kann, können Sie die Dauer der Spaziergänge langsam erhöhen oder sogar Wanderungen planen. Wandern hat nicht nur einen positiven Effekt auf die Ausdauer, sondern stärkt auch die Koordination und die Körperwahrnehmung. Enge und verwurzelte Wege, unterschiedliche Bodenbeschaffenheiten und Steigungen erfordern hohe Konzentration und körperliche Leistung. Wanderungen sind sowohl für ältere Hunde als auch für Hunde mit Gelenkerkrankungen eine gute Alternative zum Joggen und Fahrradfahren, um Ausdauer aufzubauen oder zu erhalten.

Joggen

Nachdem Sie beim Spazierengehen eine grundlegende Ausdauer aufgebaut haben, können Sie im nächsten Schritt mit Ihrem Hund das Joggen ausprobieren. Informieren Sie sich zunächst über die Witterungsbedingungen. Hohe und niedrige Temperaturen sind nicht gut für Fahrrad- oder Joggingrunden geeignet und im Sommer sollten Sie die Mittagsstunden und Asphalt vermeiden. Verlegen Sie in den Sommermonaten Ihre Joggingrunde am besten auf den Morgen oder Abend und in den schattigen Wald. Vor der Trainingseinheit sollte Ihr Hund sich im Schritt warmlaufen und ausreichend Zeit haben, um zu schnüffeln und seine Geschäfte zu erledigen. Außerdem sollten Sie nach einer Mahlzeit mindestens zwei Stunden warten, bevor Sie körperliche Aktivitäten durchführen.

Was brauchen Sie zum Joggen?

Für das Joggen mit Hund gibt es spezielle Leinen, die für das freihändige Laufen ausgelegt sind. Diese sind lang und locker, damit Ihr Hund und Sie beim Joggen genügend Raum zum Bewegen haben. Alternativ können Sie sich die Leine um den Oberkörper hängen oder die Leine an einem Bauchgurt befestigen. Wenn Ihr Hund bei hohen Geschwindigkeiten plötzlich stehen bleibt oder von einem spannenden Geruch abgelenkt wird, ist es wichtig, dass sein Hals- und Nackenbereich geschützt ist. Deswegen sollte Ihr Hund ein Brustgeschirr tragen. Wenn Sie Ihren Hund frei laufen lassen möchten, sollten Sie sicherstellen, dass er jederzeit abrufbar ist und auf Kommando neben Ihnen laufen kann. Für Joggingrunden im Dunkeln sollten Sie sich und Ihren Hund genügend ausleuchten und Reflektoren tragen, um für Verkehrsteilnehmer und Passanten frühzeitig sichtbar zu sein. Nach dem Training sollte Ihrem Hund sofort Wasser zur Verfügung gestellt werden oder Sie sollten eine Trinkflasche mit auf den Spaziergang nehmen.

Für die ersten Joggingrunden sollten Sie erst einmal kleine Runden mit einem langsamen bis mittleren Tempo einplanen und nach 3 bis 5 Minuten eine Gehpause von 1 bis 2 Minuten einlegen. Für den Anfang reichen 2 bis 3 Wiederholungen einer Trainingseinheit. Vergessen Sie nicht, Ihren Hund nach jeder Einheit zu belohnen. Verlängern Sie die Dauer der Trainingseinheiten in kleinen Schritten. In den ersten Wochen sollten Sie in einem leichten Trab laufen. Nach einiger Zeit können Sie die Geschwindigkeit langsam erhöhen.

Die ersten 2 bis 3 Wochen
5 Minuten spazieren gehen

1. Einheit:

- 3 bis 5 Minuten joggen
- 1 Minute Gehpause

2. Einheit:

- 3 bis 5 Minuten joggen
- 1 Minute Gehpause

3. Einheit

- 3 bis 5 Minuten joggen
- 1 bis 2 Minuten Gehpause

Führen Sie das Training zwei- bis dreimal pro Woche durch. Die restlichen Tage sollten als Ruhetage dienen, um dem Hund Zeit zur Regeneration der Muskeln zu geben. Nach den ersten drei bis vier Wochen können Sie die Gehpausen verkürzen und schließlich ganz weglassen.

Woran erkennen Sie, dass der Hund müde ist?

Die Ausdauer eines Hundes kann nicht von heute auf morgen aufgebaut werden. Das Training des Herz-Kreislauf-Systems benötigt Zeit und kann sich nur verbessern, wenn Sie regelmäßig und angemessen trainieren. Das Training sollte immer an die Bedürfnisse und den Trainingsstand des Hundes angepasst werden. Müdigkeit beim Hund kann sich durch Verweigerungen, starkes Hecheln oder zurückgezogene Lefzen zeigen. Es ist wichtig, den Hund nicht beim Joggen oder Fahrradfahren an der Leine hinter sich herzuziehen, da dies negative Erfahrungen im Training schafft und der Hund verletzt oder erschöpft sein könnte. Überforderung und Überstrapazierungen können den Trainingserfolg beeinträchtigen und Verletzungen verursachen. Wenn Ihr Hund nach dem Laufen humpelt oder schlaffe Beine hat, kann dies ein Zeichen für Überforderung sein.

Fahrrad fahren

Bevor Sie mit dem Fahrradfahren anfangen, sollten Sie zunächst ein paar Runden zu Fuß gehen. Beim Joggen können Sie Ihren Hund ohne Ablenkungen beobachten und einschätzen, wie sein Trainingsstand ist. Das Fahrradfahren mit Hund kann vor allem am Anfang komplizierter sein, als es aussieht. Daher eignen sich zunächst Joggingrunden, um Ihren Hund auf das Tempo und das Training am Fahrrad vorzubereiten. So ist das Laufen am Fahrrad nicht so fremd für Ihren Hund. Wenn Ihr Hund gut und locker neben Ihnen laufen kann, können Sie ihn langsam an das Fahrrad gewöhnen.

Ablauf:

1. Stellen Sie das Fahrrad auf, ohne es zu bewegen. Lassen Sie Ihren Hund das Gerät inspizieren und beschnüffeln. Hier können Sie Ihren Hund schon freudig belohnen, indem Sie ihm ein Leckerli geben oder ihn stimmlich loben. Es ist wichtig, dass Ihr Hund positive Assoziationen mit dem Fahrrad aufbaut. Das wird das Laufen am Fahrrad erleichtern. Wenn ein Hund Angst vor dem Fahrrad hat oder schlechte Erfahrungen damit gemacht hat, hat er auch keine Lust auf die gemeinsame Aktivität.

2. Nun können Sie das Fahrrad langsam bewegen. Loben Sie Ihren Hund und gehen Sie ein paar Schritte zu Fuß. Ihr Hund sollte lernen, dass er ausreichend Abstand zum Fahrrad halten muss und nicht am Fahrrad hochspringen soll.

3. Im nächsten Schritt steigen Sie auf das Fahrrad und gehen wieder einige Schritte, ohne zu fahren. Wenn Ihr Hund locker und entspannt neben Ihnen läuft, können Sie langsam anfangen, die Pedale zu bewegen.

4. Fahren Sie anfangs langsam und achten Sie auf das Wohlbefinden Ihres Hundes. Steigern Sie das Tempo nur, wenn es für Ihren Hund in Ordnung ist. In den ersten Wochen können Sie mit 5 Minuten Fahrradfahren beginnen und 1 bis 2 Minuten Gehpause einplanen. Wiederholen Sie das Training 2- bis 3-mal pro Woche.

Tipp:
Möchte Ihr Hund gerne mit auf lange Fahrradtouren, hat aber nicht die nötige Ausdauer? Kein Problem! Nutzen Sie einfach einen speziell für Hunde ausgelegten Fahrradkorb oder einen Fahrradanhänger, um Ihren Hund sicher und bequem mitzunehmen.

Nach zwei bis drei Wochen können Sie die Dauer der Trainingseinheit jede Woche um 5 Minuten verlängern. Sie sollten die Gehpausen in Ihrem Trainingsplan streichen. Nach etwa zwei Monaten sollte Ihr Hund eine Ausdauerleistung von einer halben Stunde erreichen.

Gefahr Hitzschlag

Wenn ein Hund über einen längeren Zeitraum hohen Temperaturen ausgesetzt ist, kann es zu einem Hitzschlag kommen. Dabei kann der Körper die Wärme nicht mehr ausreichend abgeben, was zu einem Kreislaufkollaps führen kann. Die Körpertemperatur des Hundes steigt dabei auf über 40 °C an. Ein Hitzschlag kann zum Tod des Hundes führen, wenn ihm nicht geholfen wird. Besonders im Sommer sind Hunde anfällig für einen Hitzschlag.

Die Symptome eines Hitzschlags:

- Unruhe
- Hecheln und weit heraushängende Zunge
- Suche nach schattigen Plätzen
- Herzrasen
- Taumeln
- Speichelfluss
- Erbrechen, Teilnahmslosigkeit, flache Atmung

Im Sommer sollten Sie das Training entsprechend anpassen. Joggen und Fahrradfahren in praller Mittagssonne können schnell zu einem Hitzschlag führen. Einige Hunderassen können aufgrund anatomischer Besonderheiten wie Kurznasigkeit bei körperlicher Anstrengung unter Atemnot leiden und sollten daher auf das Joggen und Fahrradfahren verzichten:

- Mops
- Französische Bulldogge
- Pekinese
- Chihuahua
- Corgi

Orientierung zum Aufbau der Ausdauer beim Fahrradfahren

Trainingswoche	Strecke (in km)	Dauer (in Minuten)
1–2	1	5
3–4	2	10
5–6	3	15
7–8	4	20
9–10	5	25
11–12	6	30

Beispiel für eine Trainingseinheit mithilfe der Intervallmethode
vor und nach dem Training 5 bis 10 Minuten im Schritt oder Trab laufen

Gangart	Dauer (in Sekunden)
Galopp	30
Trab	60
Galopp	30
Trab	120
Galopp	60
Trab	120
Galopp	60

Longieren

Beim Longieren wird der Hund in einem großen Kreis geführt, während der Hundehalter im Kreis steht und Anweisungen sowie Signale (z. B. „Steh", „Sitz", „Platz", Richtungs- und Tempowechsel) gibt. Es wird vermutet, dass diese Sportart von der Arbeit mit Pferden und Hütehunden inspiriert wurde. Das Longieren mit dem Hund fördert die Bindung und Kommunikation zwischen Hund und Halter. Der Hund muss die Anweisungen seines Menschen auf Distanz ausführen. Dies erfordert hohe Konzentration und Gehorsamkeit. Die mentale Fitness, insbesondere die Reaktionsschnelligkeit, wird trainiert. Das Longieren dient nicht nur als intensives Ausdauertraining, sondern ist auch eine gute Möglichkeit zur Schulung und Korrektur des Gangbildes. Beginnen Sie mit kleinen Trainingseinheiten. Longieren ist ein anstrengender Sport und kann untrainierte Hunde schnell überfordern.

Es gibt verschiedene Trainingsmethoden und Arten des Longierens. Man kann entweder mit einer Tabuzone arbeiten oder einen Kreis ohne Tabuzone nutzen. Beim Longieren mit Tabuzone ist es dem Hund untersagt, den inneren Kreis zu betreten. Die Grenze wird durch einen Außenrand markiert. Beim Longieren ohne Tabuzone wird der Hund nur für das Laufen am äußeren Rand belohnt. Dadurch wird das Verhalten verstärkt und häufiger gezeigt. Beim Freilongieren gibt es keine Begrenzung in Form eines Kreises. Das kann für viele Hunde jedoch schwierig sein. Eine weitere Art des Longierens ist das Tricklongieren. Dabei werden Kreise in Form einer Acht oder eines Ovals verwendet. Außerdem gibt es das koordinatorische Longieren für fortgeschrittene Hunde. Dabei werden Ablenkungen eingebaut, um die Aufmerksamkeit des Hundes zu trainieren und zu festigen. Beim Beschäftigungslongieren werden Hürden oder andere Hunde verwendet, um gemeinsam zu longieren.

Ablauf:

1. Fangen Sie mit einem kleinen Kreis an. Der Durchmesser ist abhängig von der Größe des Hundes und kann zwischen 10 und 30 m betragen. Nutzen Sie dicke Bänder oder Gegenstände, die Sie in einem engen Abstand zueinander aufstellen.
2. Leinen Sie Ihren Hund am Anfang an und bleiben Sie in seiner Nähe. Am besten wählen Sie eine vier bis fünf Meter lange Longierleine.
3. In den ersten Trainingsstunden bringen Sie Ihrem Hund bei, dass er den inneren Kreis nicht betreten soll. Dafür belohnen Sie ihn für den Aufenthalt hinter der Markierung. Wenn der Hund auf Sie zuläuft, bringen Sie ihn wieder hinter die Abgrenzung.
4. Üben Sie das Laufen entlang des Kreises.
5. Vergrößern Sie in langsamen Schritten den Abstand zwischen Ihnen und Ihrem Hund. So können Sie das Ziel verfolgen, bald auf Distanz mit Ihrem Hund im Kreis zu arbeiten.
6. Die Kommunikation zwischen Hund und Halter erfolgt über Signale, Handzeichen und die Körpersprache.
7. Im professionellen Longiertraining wird auf Futterbelohnungen verzichtet, wenn der Hund die Übung gut beherrscht. Eine Reduzierung der Belohnungen ist notwendig, aber vergessen Sie nicht, dass das Training in erster Linie Ihrem Hund Spaß machen soll. Ein völliger Verzicht auf Belohnungen kann Ihren Hund stark demotivieren.

Tipp:
Richtungs- und Tempowechsel können Sie verdeutlichen, indem Sie Ihren Arm ausstrecken. Möchten Sie, dass Ihr Hund im Trab nach links läuft, winkeln Sie Ihren linken Arm an. Drehen Sie sich dabei langsam mit Ihrem Hund. Sie können Ihrem Hund das Signal „Stehen“ oder „Stopp“ geben, indem Sie stehen bleiben und die Arme eng am oder hinter dem Körper halten. Für den Tempowechsel zum Galopp können Sie den Arm ganz ausstrecken.

Schwierigkeitsgrad erhöhen:

Um den Schwierigkeitsgrad zu erhöhen, sollte Ihr Hund die Basisübung sicher ausführen können und eine gute Muskulatur haben. Longieren können Sie mit zahlreichen Elementen aus anderen Sportarten kombinieren. Sie können den Schwierigkeitsgrad erhöhen, indem Sie Hürden und Hindernisse am Kreisrand einbauen. Dafür eignen sich Agility-Elemente, wie zum Beispiel Stöcke, Stangen oder Tunnel. Die Integration verschiedener Kommandos und Tempowechsel kann das Training spannender gestalten. Außerdem können

Sie die Kreise in Form einer Acht oder eines Ovals trainieren. Sobald Ihr Hund verstanden hat, dass er beim Longieren im Kreis laufen soll, sind Ihnen keine Grenzen bei der Kombination mit anderen Übungen gesetzt. Achten Sie jedoch darauf, dass Sie Ihren Hund nicht überfordern.

Schwimmen als Ausdauertraining

Suchen Sie nach einem Ausdauertraining, das die Gelenke Ihres Hundes schont? Beim Schwimmen werden durch den Wasserauftrieb nur etwa 10 % des Körpergewichts getragen. Wassertherapie ist daher eine gute Möglichkeit, die Ausdauer von Hunden zu trainieren, die an Gelenkerkrankungen leiden oder schon älter sind. Viele Hundephysiotherapeuten bieten gezieltes Schwimm- und Unterwasserlaufbandtraining an. Im Kapitel „Bewegungstraining für Hunde“ finden Sie weitere Informationen über den Wassersport und Tipps, worauf beim Schwimmen zu achten ist.

Teilnahme an Hundeläufen und Wettbewerben

In Deutschland und vielen anderen Ländern gibt es Wettkämpfe, an denen Sie mit Ihrem Hund teilnehmen können und Ihre Fähigkeiten als Mensch-Hund-Team unter Beweis stellen dürfen. Sie können sich über anstehende Wettbewerbe im Internet, bei Ihrem Hundesportverein oder Ihrer Hundeschule erkundigen. Wichtig ist, dass Sie sich ausreichend über die Bedingungen des Wettbewerbs informieren. Denn es gibt einiges zu beachten.

Die Anmeldung erfolgt in der Regel über ein Formular, das Sie online ausfüllen müssen. Danach ist die Teilnahmegebühr zu entrichten. Das Mindestalter der teilnehmenden Hunde beträgt 8 bis 15 Monate. Bei den meisten Wettkämpfen ist die Teilnahme von Hunden mit kupierten Körperteilen untersagt. Eine Ausnahme kann nur aus medizinischen Gründen gemacht werden. Auch Hunde mit Qualzuchtmerkmalen (z. B. brachyzephale Rassen) dürfen nicht an Wettbewerben teilnehmen. Auch hier gibt es Ausnahmen, wenn der Hund z. B. von einem Tierarzt als sporttauglich eingestuft wurde. Generell dürfen nur gesunde Hunde mit gültiger Tollwutimpfung und Haftpflichtversicherung teilnehmen. Vor dem Wettkampf wird der Hund von einem Tierärzteteam untersucht und der Impfpass wird kontrolliert. Dabei können die Tierärzte Übergewicht oder Probleme mit dem Bewegungsapparat feststellen. Wenn der Hund nicht frei atmen kann, wird er vom Wettbewerb ausgeschlossen.

Das Mindestalter für Menschen beträgt 18 Jahre. Kinder dürfen in der Regel mit Einverständniserklärung der Eltern teilnehmen. Die Hundehalter müssen auf eine dem Sport angemessene Ausrüstung achten. Dazu gehören z. B. gutsitzende Zuggeschirre und Canicross-Gurte, gedämpfte Leinen und einwandfreie Fahrräder.

Sie können als Einzelläufer oder in einem Team antreten. Sie sollten früh genug da sein und auf die Startzeit achten. Es gibt viele Disziplinen, an denen Sie mit Ihrem Hund teilnehmen können. Dazu gehören Canicross-Rennen, Bikejöring, Hindernislauf oder ein Triathlon, der aus Schwimmen, Radfahren und Laufen besteht. Die Disziplinen sind wiederum in verschiedene Fitnessstufen unterteilt. So kann man als Anfänger, Fortgeschrittener oder Profi teilnehmen.

Bei einem Hundewettbewerb gibt es in der Regel keine Preise zu gewinnen, aber die Teilnahme an einem Wettbewerb ist ein besonderes Erlebnis für Sie und Ihren Hund. Sie schaffen unvergessliche Erinnerungen und stärken die Bindung zwischen Ihnen und Ihrem Hund. Das Wichtigste ist, dass der Spaß nicht zu kurz kommt. Ein Wettbewerb soll Ihnen und Ihrem Hund Freude bereiten und ein Erfolgserlebnis sein.

Spaziergänge und Wanderungen mit dem Hund

Die meiste Zeit, die Sie mit Ihrem Hund verbringen, ist während der gemeinsamen Spaziergänge. Für den Hund sind diese Spaziergänge der einzige Teil des Tages, an dem er seine Bedürfnisse ausleben und richtig Spaß haben kann. Es ist wichtig, dass Sie Ihrem Hund während des Spaziergangs Ihre volle Aufmerksamkeit schenken und nicht durch Ihr Handy abgelenkt sind. Der Hund möchte diese wertvolle Zeit gerne mit Ihnen verbringen und freut sich darauf, mit Ihnen gemeinsam die Natur zu erkunden. Wenn sich der Hundehalter jedoch nicht mit dem Hund beschäftigt, suchen viele Hunde anderweitig nach Beschäftigung, wie zum Beispiel in Form des Jagens. Auf Spaziergängen können jedoch viele Beschäftigungsmöglichkeiten und Auslastungen integriert werden, einschließlich der Stärkung der körperlichen und mentalen Fitness des Hundes. Muskeltraining und Suchspiele können einfach in der Natur umgesetzt werden. Wanderungen sind eine gute Möglichkeit, die Ausdauer Ihres Hundes zu trainieren und ihn körperlich und mental auszulasten. Außerdem verbringen Sie gemeinsam Zeit an der frischen Luft und schaffen Erinnerungen, die Ihre Beziehung und Bindung langfristig verbessern.

Wenn der Hund sich trotzdem für die Umwelt interessiert …

Mangelnde Aufmerksamkeit beim Spaziergang muss nicht immer an einer schlechten Beziehung zu Ihrem Hund liegen. Interessiert sich Ihr Hund einfach mehr für seine Umgebung als für Sie? Das Schweineohr oder das Spielzeug in Ihrer Hand sind ihm völlig egal? Das ist ein normales hündisches Verhalten und hat in erster Linie nichts mit Ihnen zu tun. Denken Sie daran, dass Hunde Bedürfnisse haben und dass diese Bedürfnisse mit Hilfe der Umwelt erfolgreich befriedigt werden können. Die Gerüche von Hasen, Rehen und Artgenossen sind für Hunde von Natur aus sehr verlockend und wenn Ihr Hund wenig Zeit zum Schnüffeln hat, wird er dieses Verhalten zeigen und wenig Interesse daran haben, auf Ihren Rückruf zu hören.

Sie können dennoch etwas dafür tun, um das Interesse Ihres Hundes zu gewinnen. Jeder Hund ist anders und empfindet Belohnungen anders. Für Hunde, die sich kaum für Futter interessieren, können Sie z. B. Umweltbelohnungen aufbauen, bei denen Ihr Hund seine Bedürfnisse ausleben kann. Wenn Ihr Hund schnüffelt, konditionieren Sie dieses Verhalten mit einem Wort (z. B. „Schnüffeln“). Wenn Ihr Hund nun auf einen Artgenossen trifft, können Sie ihn für sein gutes Verhalten belohnen, indem Sie ihn schnüffeln lassen. So kann Ihr Hund den anderen Hund aus der Ferne kennenlernen und außerdem ist das Schnüffeln bei Hundebegegnungen ein deeskalierendes Verhalten, das die Situation entspannt.

Im Allgemeinen können Sie mit jedem gesunden und bewegungsfreudigen Hund wandern gehen. Die Dauer und Wahl der Wanderroute hängen jedoch von der Rasse, dem Alter, der Größe, der Gesundheit und der Fitness Ihres Hundes ab. Es ist wichtig, zu beachten, dass große Rassen wie der Bernhardiner für lange Wanderungen nicht geeignet sind. Kleine Hunde müssen beim Laufen mehr Schritte machen als große Hunde, was bei langen Strecken berücksichtigt werden sollte. Ältere und junge Hunde sollten keine langen Wanderungen machen und es sollten keine gesundheitlichen Einschränkungen (z. B. Hüftgelenksdysplasie) vorliegen. Das Fitnesslevel des Hundes ist entscheidend für die Auswahl der Wanderung. Passen Sie die Wanderung immer dem individuellen Trainingsstand Ihres Hundes an. Es ist wichtig, die Ausdauer des Hundes als Einsteiger aufzubauen, bevor Sie auf stundenlange Wanderungen gehen. Andernfalls kann das Wandern aufgrund von Müdigkeit und Erschöpfung für den Hund unangenehm sein und am nächsten Tag ist er von Muskelkater geplagt. Im Vorfeld können Sie die Ausdauer beim Fahrradfahren oder Joggen aufbauen. Steigern Sie die Dauer der Wanderrouten langsam und überstürzen Sie es nicht.

Die richtige Ausrüstung für den Hund ist genauso wichtig wie für den Menschen. Denken Sie an ausreichend Verpflegung für Sie und Ihren Hund. Nehmen Sie Trinkwasser und Leckerlis mit. Für Hunde gibt es spezielle Trinkflaschen mit einem integrierten Napf oder Sie können einen faltbaren Napf mitnehmen, den Sie gut im Rucksack verstauen können. Ein Erste-Hilfe-Set ist auf Wanderungen unverzichtbar. Es kann schnell passieren, dass jemand stürzt oder der Hund mit seinen Pfoten auf einen spitzen Gegenstand tritt. Sie sollten Ihrem Hund ein Brustgeschirr anziehen, falls es doch einmal steil wird und Sie Ihren Hund zusätzlich sichern müssen. Eine 5 bis 10 Meter lange Schleppleine sollten Sie auch dabeihaben, um Ihren Hund in bestimmten Bereichen anleinen zu können, ohne ihm dabei die Bewegungsfreiheit zu nehmen. Wenn Ihr Hund einen ausgeprägten Jagdtrieb hat, sollten Sie ihn während der Wanderung anleinen. Ein unerwarteter Jagdmodus im Gebirge kann beispielsweise dazu führen, dass der Hund in seinem Adrenalinschub von einer Felswand stürzt. Auf unbekannten Strecken verliert der Hund schnell die Orientierung und wenn der Hund nicht zurückkehrt oder nicht gefunden werden kann, endet die Wanderung in einer Katastrophe. Wenn Ihr Hund keinen sicheren Rückruf beherrscht, gehört er beim Wandern an die Leine.

Tipp:
Vor der Wanderung sollten Sie die Wetterbedingungen überprüfen. Wanderungen bei extremen Temperaturen sollten Sie vermeiden. Außerdem sollten Sie darauf achten, dass der Hund vor der Wanderung nicht zu viel Futter bekommt. Wenn Ihr Hund während der Wanderung Futterbelohnungen bekommt, reicht morgens eine kleine Portion aus.

Während der Wanderung sollten Sie regelmäßige Pausen einlegen. Die Anzahl der Pausen hängt von dem Fitnesslevel von Ihnen und Ihrem Hund ab. Spätestens nach zwei Stunden sollte die erste Pause eingeplant werden. Während der Pause sollte der Hund ausreichend ruhen und nicht herumstromern. Dabei kann eine Ruhedecke helfen, auf die sich der Hund legen soll. Beschäftigungen und abwechslungsreiche Routen sollten beim Wandern nicht fehlen. Während des Spaziergangs können Sie Ihrem Hund Apportier- und Suchspiele ermöglichen, ihn auf Steine und Baumstämme springen lassen oder den Gehorsam üben. Diese Beschäftigungen fördern die Aufmerksamkeit auf den Halter und stärken die Bindung. Nach einer Wanderung sollten Sie Ihrem Hund einen Ruhetag gönnen, damit er sich davon erholen kann. Auch Hunde können Muskelkater bekommen. Eine Massage kann Ihrem Hund hierbei helfen.

Planung von Wanderrouten

Es gibt eine Vielzahl von Wanderarten und Outdoor-Aktivitäten, die Sie gemeinsam mit Ihrem Hund unternehmen können. Ein Hund kann ein großartiger Begleiter auf langen Wanderungen sein, indem er durch seine Anwesenheit den Spaßfaktor und die Motivation erhöht. Durch gemeinsame Aktivitäten können Sie die Bindung und das Vertrauensverhältnis zwischen Ihnen und Ihrem Hund stärken. Wandern ist auch eine sportliche Betätigung, die sich positiv auf die Fitness und Gesundheit auswirkt.

Bergwandern zählt zu den beliebtesten Wanderarten. Dabei führt die Route durch bergiges Gelände. Der Höhepunkt des Bergwanderns ist die Aussichtsplattform am Zielpunkt. Anschließend kann entweder der Abstieg zu Fuß erfolgen oder Sie nutzen eine Gondel. Vor der ersten Bergwanderung sollte Ihr Hund eine Strecke von 15 bis 20 km schaffen können. Bergsteigen stellt die fortgeschrittene Variante des Bergwanderns dar und erfordert spezielle Ausrüstung. Sobald beim Wandern der Einsatz der Hände zum Hinaufsteigen erforderlich ist, wird von Bergsteigen gesprochen. Das Bergsteigen ist jedoch nur bedingt für erfahrene Wanderer und fortgeschrittene Hunde geeignet.

Trekking ist eine Form des Wanderns, die über mehrere Tage auf nicht markierten Wegen stattfindet. Es kann als Fern- oder Weitwanderung geplant werden. Dabei übernachtet der Wanderer in einem Zelt und greift auf Hilfsmittel wie Fahrrad oder Kanu zurück.

Nordic Walking ist eine Outdoor-Aktivität, bei der Sie mithilfe von Stöcken eine schnelle Fortbewegung erreichen und dabei alle Muskelgruppen beanspruchen. Beim Speedhiking wird mithilfe von Stöcken eine hohe Geschwindigkeit durch anspruchsvolles Gelände erreicht. Es handelt sich um eine Kombination aus Trailrunning und Bergwandern.

Haben Sie schon einmal etwas von Trail-Dogs gehört?
Mountainbiken ist eine beliebte Sportart, die auf schmalen Waldwegen ausgeübt wird. Der Sportler fährt mit hoher Geschwindigkeit bergab. Trail-Dogs sind Hunde, die beim Mountainbiken auf Trails im Wald mitgeführt werden. Sie laufen entweder hinter oder vor dem Rad. Die Ausbildung eines Trail-Dogs ist eine große Herausforderung und erfordert ein hohes Maß an körperlicher Fitness und Gehorsam. Für Extremsportler und Radbegeisterte ist es ein spannender Sport, der die Beziehung zum Hund stärkt.

Die Planung der Route hängt von der Art der Wanderung ab. Für Anfänger eignet sich eine Wanderung mit wenig Steigung. Sobald Sie diese meistern können, steigern Sie den Schwierigkeitsgrad, um zum Bergwandern überzugehen. Auf diese Weise können Sie sich langsam hocharbeiten, um die gewünschte Art der Wanderung mit Ihrem Hund ausführen zu können. Damit die Wanderung für Sie und Ihren Hund eine schöne Erfahrung wird, sollten Sie die Route genau planen und auf die Bedürfnisse und das Fitnesslevel Ihres Hundes abstimmen. Sie sollten sich beim Wandern nicht überschätzen, denn es kann schnell zu Verletzungen, Stürzen oder anderweitigen Unfällen kommen.

Eine realistische Planung ist daher für eine sichere Wanderung von großer Bedeutung. Informieren Sie sich vorher ausgiebig über die geplante Strecke und achten Sie auf mögliche Hindernisse, die Ihr Hund nicht überwinden kann (z. B. Gitter, Hängebrücken, Leitern). Im Internet können Sie sich über Strecke, Wegbeschaffenheit, Höhenmeter und Etappen informieren. Es gibt auch spezielle Wander-Apps zum Herunterladen. Oft ist bei einer Wanderroute auch angegeben, ob sie für Hunde geeignet ist. Sie können auch die Bewertungen anderer Wanderer lesen und Fotos anschauen, um mehr über die geplante Route zu erfahren. Die Dauer der Wanderung hängt nicht nur von den zurückgelegten Kilometern ab, sondern auch von der Anzahl der Pausen (Fotopausen eingeschlossen) und dem Fitnesslevel der Wanderer. Nehmen Sie auf Wanderungen immer eine Karte mit, da Sie sich nicht immer auf den Handyempfang verlassen können. Bedenken Sie, dass eine Wanderung mit Hund häufig mehr Zeit in Anspruch nimmt. Für mehr Abwechslung können Sie sich auch einer Wandergruppe mit Hunden anschließen.

Abwechslungsreiche Spaziergänge gestalten

Auf Wanderungen und Spaziergängen kommt es nicht immer auf die Schnelligkeit und Kilometeranzahl an. Sie können auch mithilfe von innovativen und kreativen Ideen einen abwechslungsreichen, spannenden und auslastenden Spaziergang ermöglichen. Dies ist auch im stressigen Alltag machbar, denn schon mit kleinen und einfachen Übungen und Spielen können Sie den Spaziergang Ihres Hundes aufwerten. Wenn Sie für Abwechslung beim

Spazierengehen sorgen, merkt Ihr Hund, dass es sich lohnt, auf Sie zu achten. Dies steigert die Aufmerksamkeit des Hundes. Wenn es sich für den Hund lohnt, zu Ihnen zurückzukehren, werden sich auch sein Gehorsam und der Rückruf verbessern. Hunde sind Opportunisten. Sie zeigen das Verhalten häufiger, das sich für sie lohnt. Die Kommunikation zwischen Ihnen und Ihrem Hund muss sich aus der Sicht des Hundes also lohnen. Ihr Hund freut sich über das Feedback von Ihnen. Achten Sie auf den Blickkontakt Ihres Hundes. Jedes Mal, wenn er Sie anguckt, belohnen Sie dieses Verhalten. Jagdmotivierten Hunden können Sie zum Beispiel eine Ersatzbeschäftigung bieten. Denn wenn Sie für ihn spannende Dinge bereitstellen, sind andere Reize wie Hunde oder Kaninchen eventuell nicht mehr so verlockend. Hundesport aller Art ist eine Beschäftigungsmöglichkeit für Ihren Hund und wirkt sich positiv auf seine Fitness aus. Viele Sportarten lassen sich in den Spaziergang integrieren. Dazu gehören auch die in diesem Buch vorgestellten Hundesportarten und Fitnessübungen (z. B. Radfahren, Joggen, Mantrailing, Canicross, Longieren, Cavaletti-Training). Bauen Sie Fitness und Muskeltraining in den Spaziergang ein. Lassen Sie Ihren Hund auf einem Baumstamm balancieren. Sie können auch mit Ihrem Hund über den Baumstamm laufen oder springen. Sie können auch eine niedrige Mauer oder einen Stein verwenden. Auf einem Stein können Sie dann weitere Signale (z. B. Männchen, Pfötchen, Drehen) abfragen. Lassen Sie Ihren Hund einen Laternenpfahl oder Baum umkreisen. Dies lastet Ihren Hund mental aus und stellt gleichzeitig eine gute Dehnübung für die Wirbelsäule dar.

Gehen Sie neue Wege mit Ihrem Hund. Wenn Ihr Hund immer die gleichen Runden und Waldwege läuft, kann es irgendwann langweilig werden. Eine neue Umgebung ist aufgrund unbekannter Gerüche und neuer Reize spannend und aufregend. Außerdem bietet eine andere Umgebung neue Beschäftigungsmöglichkeiten. Wenn Sie Ihre Spaziergänge auf neue Orte verlegen, werden die alten Runden automatisch spannender, weil der Hund dort länger nicht unterwegs war und neue Gerüche dazugekommen sind.

Wenn Sie in der Stadt unterwegs sind oder Ihren Hund nur an einer kurzen Leine führen können, bietet der Tempowechsel eine Abwechslung und lenkt die Aufmerksamkeit auf Sie. Außerdem fördern Sie beim Tempowechsel die Ausdauer und das Gangbild des Hundes. Starten Sie im Schritt und wechseln Sie in den Trab. Bleiben Sie stehen oder machen Sie einen Richtungswechsel. Wenn sich Ihr Hund dem Tempo anpasst, belohnen Sie ihn. Führen Sie diese Übung dynamisch und unerwartet aus. Das steigert das Interesse des Hundes und es macht ihm Spaß, Ihnen zu folgen.

Nehmen Sie ein Spielzeug auf den Spaziergang mit. Lassen Sie es unauffällig fallen. Nach einigen Metern bleiben Sie stehen und lenken die Aufmerksamkeit Ihres Hundes auf Sie, indem Sie aufgeregt am Boden suchen. Dies weckt das Interesse Ihres Hundes und er wird gemeinsam mit Ihnen suchen.

Wenn er das Spielzeug findet, können Sie ihn beispielsweise mit einem Zerrspiel belohnen.

Erkunden Sie die Umwelt gemeinsam und interessieren Sie sich für Ihren Hund. Gehen Sie unbekannte Pfade oder erkunden Sie zusammen einen Bach. Wenn Ihr Hund gerne buddelt, können Sie sich dazugesellen und ihn dafür stimmlich loben. Das Erkundungsverhalten Ihres Hundes wird gestärkt und sein Selbstbewusstsein wird gefördert.

Kündigen Sie Richtungswechsel an. Das sorgt für mehr Abwechslung und ist ein nützliches Notfall-Signal. Positionieren Sie den Hund neben Ihren Beinen und stellen Sie sicher, dass er mit seiner Aufmerksamkeit bei Ihnen ist. Drehen Sie sich nun und machen Sie mithilfe Ihres Arms eine Geste in die andere Richtung. Wenn Ihr Hund Ihnen begeistert folgt, belohnen Sie ihn ausgiebig. Wiederholen Sie diesen Vorgang mehrmals, sodass sich Ihr Hund jedes Mal mit in die andere Richtung dreht. Dann können Sie ein Signal (z. B. „Turn“ oder „Hier lang“) hinzufügen. Wenn das Signal gefestigt wurde, können Sie Ihren Hund mit wenig Abstand vor Ihnen laufen lassen und den Richtungswechsel ankündigen. Vergrößern Sie den Abstand in langsamen Schritten. Nun können Sie das Signal auch in unerwarteten Situationen verwenden, was die Aufmerksamkeit und die Gehorsamkeit stärkt. Außerdem bereitet dieses Signal vielen Hunden eine große Freude. Alternativ können Sie anstelle von Leckerlis Ihren Hund mit einer Spiel- oder Renneinheit belohnen, während Sie in die andere Richtung gehen.

Such- und Schnüffelspiele sind eine besonders auslastende Beschäftigungsmöglichkeit. Hunde arbeiten gerne für Ihr Futter und es macht Ihnen Spaß, etwas dafür zu tun. Verstecken Sie Leckerlis in einem Baumstamm oder lassen Sie Ihren Hund sein Lieblingsspielzeug suchen. Apportierspiele oder ein Dummy, der mit Futter befüllt ist, stellen auch eine gute Möglichkeit zur gemeinsamen Lösung von Aufgaben dar und es stärkt die Zusammenarbeit und Kommunikation.

Suchspiel: Leckerlis verstecken

1. Geben Sie das Sitz- und das Bleib-Signal.

2. Wenn Ihr Hund wartet, können Sie sich entfernen und das Leckerli in einer Baumrinde, im hohen Gras, unter den Laubblättern oder in einer Mauerspalte verstecken.

3. Kehren Sie zu Ihrem Hund zurück und geben Sie das Signal zum Suchen.

Schwierigkeitsgrad erhöhen:

- Geben Sie das Sitz- und das Bleib-Signal.
- Nehmen Sie einen Dummy oder ein paar Leckerlis in die Hand. Während Sie sich von Ihrem Hund entfernen, täuschen Sie das Platzieren der Leckerlis oder des Dummys mehrmals vor. Nachdem Sie ihn abgelegt haben, können Sie sich noch einmal bücken und das Ablegen vortäuschen.
- Geben Sie Ihrem Hund das Signal, die Leckerlis oder den Dummy zu suchen. Nun muss Ihr Hund seine Nase einsetzen, um sie zu finden.

Suchspiel: Dummy oder Spielzeug verstecken

1. Geben Sie das Sitz- und das Bleib-Signal.

2. Wenn Ihr Hund wartet, können Sie das Spielzeug oder den Dummy entweder werfen oder irgendwo verstecken.

3. Kehren Sie zu Ihrem Hund zurück und geben Sie ihm das Signal, das Spielzeug oder den Dummy zu holen.

Tipp:
Wenn Ihr Hund gerne aufsteht, anstatt zu warten, können Sie ihn am Anfang erst einmal anleinen. Steht er auf, können Sie ihn mithilfe der Leine wieder zurückbringen und so vermeiden, dass er zum Erfolg kommt. Sie können anfangs auch das Warten belohnen, indem Sie Ihrem Hund ein Leckerli geben, bevor Sie das Auflösesignal geben. Achten Sie darauf, dass Ihr Hund noch brav wartet, wenn Sie ihn bestätigen. Andernfalls belohnen Sie ihn fürs Aufstehen.

Suchspiel: Strecken

1. Geben Sie das Sitz- und das Bleib-Signal.
2. Wenn Ihr Hund wartet, gehen Sie zu einem Baumstamm oder einer Mauer und verstecken das Leckerli auf einer Höhe, in der Ihr Hund sich auf die Hinterpfoten stellen und sich weit nach oben strecken muss. Achten Sie darauf, dass Sie das Leckerli nicht zu hoch verstecken, denn Ihr Hund soll selbstständig an das Futter gelangen. Dies ist eine gute Dehn- und Muskelübung.
3. Kehren Sie zu Ihrem Hund zurück und geben Sie ihm das Signal, das Leckerli zu suchen.
4. Alternativ können Sie auch ein Spielzeug oder einen Dummy auf einem erhöhten Baumstamm oder Stein verstecken.

Exkurs – Mythos: sich vor dem Hund verstecken, um seine Aufmerksamkeit zu bekommen

Ist Ihr Hund beim Spaziergang in seiner Umwelt versunken? Rufen Sie mehrmals, aber Ihr Hund hört nicht auf Sie? Vielleicht haben Sie schon einmal von dem Tipp gehört, sich vor dem Hund zu verstecken, wenn er nicht hört. Er soll schließlich spüren, was es bedeutet, wenn er sich nicht auf den Menschen konzentriert. Der Hundehalter versteckt sich hinter einem Baum, einer Mauer oder einem Gebüsch, während der Hund noch mit seiner Umwelt beschäftigt ist.

Der Hund meint es zunächst nicht böse, wenn er gerade an einer Schnüffelstelle vertieft ist. Er kann in diesem Moment nicht anders. Wenn er mit dem Schnüffeln fertig ist oder aus dem Augenwinkel bemerkt, dass sein Halter verschwunden ist, gerät er in Panik. Die meisten Hunde rennen plötzlich los und suchen wild nach ihrem Menschen. Dabei entwickeln sich Gefühle von Panik, Unsicherheit und Trennungsstress.

Wenn Versteckspiele dieser Art häufiger werden, wird der Hund sich zwar öfter nach seinem Besitzer umsehen, aber er tut dies nicht aufgrund einer besonders guten Bindung. Er hat gelernt, dass er sich nicht auf seinen Besitzer verlassen kann. Spaziergänge werden stressig, weil der Hund ständig Angst hat, dass sein Mensch verschwindet. Das kann sich sogar negativ auf das Alleinbleiben auswirken.

Doch was tun in einer solchen Situation? Wenn Ihr Hund nicht hört, gehen Sie ruhig und souverän auf ihn zu. Sprechen Sie ihn an oder nehmen Sie ihn an die Leine. Wenn solche Situationen häufiger auftreten, sollten Sie Ihren Hund zunächst an der Schleppleine führen, den Rückruf neu aufbauen oder eine andere Belohnung wählen.

Schließlich können Sie auf dem Spaziergang auch Ruheübungen einbauen. Setzen Sie sich mit Ihrem Hund auf eine Bank oder einen Baumstamm und genießen Sie zusammen die Natur. Der Hund wird seine Umgebung beobachten oder das Näschen in die Luft halten, um Gerüche aufzunehmen. Im Sommer können Sie eine Decke mitnehmen und sich mit Ihrem Hund auf eine Wiese setzen. Für Hunde, die viel Action brauchen und immer gerne beschäftigt werden möchten, sind Ruhepausen während des Spaziergangs sehr anstrengend und daher auch eine Art der mentalen Auslastung.

Wassersport und Schwimmen für Hunde

Schwimmen bietet viele gesundheitliche Vorteile. Es ist ein Ganzkörpertraining, das die körperliche Fitness Ihres Hundes verbessert. Im Wasser muss der Hund gegen einen ständigen Widerstand arbeiten, was seine Muskeln stärkt. Schwimmen ist eine gute Möglichkeit für ältere Hunde, Muskeln aufzubauen und fit zu bleiben, da die Gelenke geschont werden. Schwimmen kann das Herz-Kreislauf-System, die Muskulatur, die Ausdauer und die Körperwahrnehmung des Hundes stärken. Es kann auch gelenkschonendes Abnehmen für übergewichtige Hunde ermöglichen und Schmerzen bei Hunden mit Gelenkproblemen lindern. Zudem kann es das Selbstvertrauen des Hundes fördern. Abgesehen von den gesundheitlichen Vorteilen ist das Schwimmen im Sommer eine gute Möglichkeit, sich abzukühlen und die Bindung zwischen Mensch und Hund zu stärken. Wenn Sie Ihren Hund positiv ans Schwimmen heranführen, können Sie und Ihr Hund eine Menge Spaß im Wasser haben und vielleicht sogar Wassersport betreiben.

Für das Schwimmen und den Wassersport sind Hunde gut geeignet, die von Natur aus gerne ins Wasser gehen (z. B. Retriever, Neufundländer, Leonberger). Andere Hunderassen und Mischlinge können aber genauso viel Spaß am Schwimmen haben. Wenn Sie Ihrem Hund das Schwimmen langsam nahebringen und ihm zeigen, wie viel Freude er im Wasser haben kann, können Sie so gut wie jeden Hund zur Wasserratte machen. Es ist allerdings wichtig, dass Sie Ihren Hund gut einschätzen können und ihn nicht zu Abenteuern im Wasser zwingen. Ein kleinschrittiger Aufbau ist im Wassersport entscheidend, besonders wenn Ihr Hund skeptisch gegenüber dem Wasser ist.

Hinweis:
Zwingen Sie Ihren Hund nie ins Wasser. Dadurch kommen negative Assoziationen zustande und Ihr Hund verliert das Vertrauen in Sie. Im schlimmsten Fall entwickelt der Hund ein Trauma und hat zukünftig Angst vor Wasser. Geben Sie Ihrem Hund Zeit und belohnen Sie ihn ausgiebig, sobald er sich in Richtung Wasser bewegt und hineingeht. Sie können Ihren Hund auch mit seinem Lieblingsspielzeug motivieren.

Geeignete Wasserstellen sind ruhige Gewässer mit einem langsamen Abstieg. Im Sommer sollten Sie auf stehende Gewässer und Blaualgen achtgeben. Diese können für Sie und Ihren Hund gefährlich werden. Vermeiden Sie Strömungen und kalte Wassertemperaturen. Vor dem Schwimmen sollte Ihr Hund keine Mahlzeit im Magen haben. Bringen Sie auf jeden Fall ein Handtuch mit, damit Sie Ihren Hund nach dem Schwimmen abtrocknen können. Vergessen Sie nicht, die Rute und die Ohren des Hundes abzutrocknen. Andernfalls steigt die Gefahr einer Wasserrute. Die Wasserrute entsteht bei einem längeren Aufenthalt in kalten Gewässern. Dabei kommt es zu Durchblutungsstörungen, die dem Hund große Schmerzen bereiten. Die Rute hängt schlaff herunter und bewegt sich nicht.

Sicherheitsaspekte beim Schwimmen:

- Schwimmen in Salzwasser kann zu Durchfall, Magenkrämpfen und Hautirritationen führen.
- Nehmen Sie ausreichend Trinkwasser mit.
- Pfoten und Ohren regelmäßig kontrollieren, abspülen und trocknen, um Entzündungen vorzubeugen.
- Schützen Sie Ihren Hund auch im Wasser vor der Sonneneinstrahlung, indem Sie seinen empfindlichen Nasenrücken mit Sonnencreme einreiben.
- Ein Hund sollte nie mit vollem Magen schwimmen gehen. Die letzte Mahlzeit sollte mindestens zwei Stunden her sein.
- Sie sollten den Hund nie unbeaufsichtigt schwimmen lassen.
- Sie sollten die Schwimmumgebung vor dem Training überprüfen und Strömungen, Blaualgen, Verunreinigungen (Glasscherben, spitze Gegenstände), felsigen Boden, Bäume und Äste beachten und ggf. beseitigen.
- Bei hohen Temperaturen sollte Ihr überhitzter Hund nicht sofort ins kalte Wasser springen, da sein Kreislauf versagen könnte. Gehen Sie langsam ins Wasser oder machen Sie Ihren Hund vorher schon etwas nass. Das Wasser sollte auch nicht zu kalt sein. Im Winter sollten Sie nicht schwimmen gehen.
- Sie sollten Ihren Hund nie länger als 20 Minuten schwimmen lassen. Je nach Fitnesslevel und Erfahrung reichen auch schon ein paar Minuten aus. Planen Sie ausreichende Pausen und Schattenplätze ein.
- Ihr Hund sollte jederzeit aus dem Wasser abrufbar sein.

Tipp:
Schwimmen ist körperlich sehr anstrengend. Hören Sie auf, wenn Ihr Hund erschöpft wirkt. Andernfalls ist seine Sicherheit gefährdet und das Schwimmen wirkt sich negativ auf seine Muskeln aus.

Für Hunde, die noch keine Erfahrung mit dem Schwimmen haben, kann eine Schwimmweste nützlich sein. Sie hilft dem Hund, waagerecht im Wasser zu schwimmen, damit die Wirbelsäule in eine tiefe Position gerät. Viele Hunde strecken beim Schwimmen Ihren Kopf und Hals nach oben, während ihr Hinterteil tief im Wasser hängt. Dies wirkt sich negativ auf den Rücken aus und sollte vermieden werden. Manche Hunde fühlen sich mit einer Schwimmweste sicherer im Wasser und haben mehr Spaß am Schwimmen. Wassersport kann für Hunde jeder Größe und Rasse schnell gefährlich werden, wenn unerwartete Wellen oder Strömungen auftreten. Selbst ein erfahrener und körperlich fitter Hund kann ertrinken, wenn er zum Beispiel zu lange im Wasser war und seine Kräfte nachlassen. Solche Ereignisse sind nicht kontrollierbar, daher kann die Verwendung einer Schwimmweste lebensrettend sein. Eine Schwimmweste hält den Hund im Notfall über Wasser und er kann mit Hilfe des Griffs schnell aus dem Wasser gepackt werden.

Die Vorteile der Schwimmweste auf einen Blick:

- Entlastung beim Schwimmen
- Schutz vor Muskelkater und Verspannungen
- Verbesserung des Schwimmstils und der Schwimmtechnik
- der Hund ermüdet nicht so schnell beim Schwimmen
- sorgt für mehr Sicherheit beim Schwimmen
- für Anfänger und unsichere Hunde besonders geeignet

Die Passform der Schwimmweste ist für die Bewegungsfreiheit beim Schwimmen entscheidend. Sie sollte ohne zu viel Luft eng an der Brust anliegen und das Schultergelenk muss frei sein. Die Schwimmweste sollte nicht zu lang sein, damit sich die Hinterhand und die Rute des Hundes ohne Einschränkungen bewegen können. Beim Bauchbereich sollte die Weste das Brustbein beziehungsweise den Brustkorb nicht überschreiten.

Jedem Hund kann mit etwas Geduld, Einfühlungsvermögen und der richtigen Herangehensweise das Schwimmen beigebracht werden. Es ist normal, dass es bei manchen Hunden länger dauert als bei anderen. Manche Hunde bleiben ihr Leben lang im Planschbereich und bevorzugen den Boden unter den Füßen. Andere Hunde sind schwer aus dem Wasser zu bekommen. Diese charakterlichen Unterschiede sind natürlich und sollten von Ihnen akzeptiert werden.

Falls der Hund früher schlechte Erfahrungen mit Wasser gemacht hat, sollten Sie ihm behutsam beistehen. Anfängliche Hürden können überwunden werden, indem Sie dem Hund Mut zusprechen und positive Assoziationen mithilfe von Spielzeug und Leckerlis schaffen. Es ist jedoch wichtig, darauf zu achten, dass der Hund nicht mit Futter ins Wasser gelockt wird, da dies zu einem stressigen Konflikt zwischen dem Wunsch nach dem Leckerli und der

Angst vor dem Wasser führen kann. Dies kann negative Empfindungen in Verbindung mit Wasser auslösen. Wenn sich Ihr Hund am Ufer befindet oder mit dem Pfötchen kurz ins Wasser geht, geben Sie ihm ein Leckerli. Spielen Sie mit ihm am Wasserufer, als ob es ganz normal wäre. Sie können „versehentlich" mal ein kleines Stück ins Wasser geben, sodass Ihr Hund gar nicht bemerkt, dass er in seiner Euphorie kurzzeitig mit den Pfötchen im Wasser war.

Sobald ein Hund seine Pfoten ins Wasser setzt, sollte ihm genügend Zeit gegeben werden, um das Wasser selbstständig kennenzulernen. Möglicherweise wird er von alleine schwimmen. Alternativ können Sie Ihren Hund mit Hilfe von Apportierspielen dazu animieren. Hierfür gibt es spezielles Wasserspielzeug, das Sie für Ausflüge an den See kaufen können. Werfen Sie das Spielzeug jedoch nicht zu weit, damit Ihr Hund nicht abgeschreckt wird. Beginnen Sie langsam und belohnen Sie Ihren Hund für jeden kleinen Erfolg beim Schwimmen. Schließlich steht der Spaßfaktor dabei im Vordergrund. Das Wasser sollte dem Hund keine Angst machen. Versuchen Sie, die Neugier des Hundes zu wecken, anstatt ihn ins Wasser zu zwingen.

Tipp:
Vermeiden Sie die Verwendung von Stöckchen. Diese können aufgrund von Splittern zu Verletzungen im Mund- und Rachenbereich des Hundes führen. Ein Wasserspielzeug ist für den Aufenthalt im Wasser eine gute Alternative.

Beliebte Wassersportarten für Hunde

Hat Ihr Hund seine Ängste überwunden und bereitet ihm das Schwimmen oder der Aufenthalt im Wasser viel Freude? Können Sie und Ihr Hund nicht genug davon kriegen? Dann könnte eine Wassersportart für Sie als Mensch-Hund-Team interessant sein. Sie können z. B. Stand-up-Paddling und Kanufahrten ausprobieren. Bei der Durchführung von Wassersportarten sollten Sie stets darauf achten, ob Ihr Hund auf den ausgesuchten Gewässern willkommen ist.

Wasserarbeit

Früher wurden Hunde speziell für die Wasserjagd gezüchtet, um dem Menschen Gegenstände, Wild oder Fisch aus dem Wasser zu bringen. Dazu gehören Hunderassen wie der Golden Retriever, der Labrador Retriever, der Neufundländer, der Landseer und viele andere Wasserhunde. Die Wasserarbeit hat ihren Ursprung auf der kanadischen Insel Neufundland. Wenn ein Fischer über Bord ging, war es die Aufgabe der Hunde, den Menschen aus dem Wasser zu retten und ihn sicher zurück zum Boot oder ans Land zu bringen.

Heutzutage gibt es die Wasserarbeit als Hundesport. Dabei müssen die Hunde vielfältige Aufgaben im Wasser lösen, wie zum Beispiel das Apportieren von Gegenständen oder die Rettung von Menschen. Die Ausführung der Wasserarbeit kann für Wasserhunde eine gute Möglichkeit sein, ihre ursprüngliche Aufgabe auszuleben, und fördert die körperliche Fitness, die Beziehung zwischen Mensch und Hund sowie die Grundgehorsamkeit. Wenn Sie Ihrem Hund die Möglichkeit geben möchten, Wasserarbeit als Hobby auszuüben, sollte er gerne schwimmen und apportieren.

Die Wasserarbeit kann in einem Rettungshundeverein, einer Hundeschule oder einem Hundesportverein ausgeführt werden. Ohne Anleitung, dem richtigen Zubehör und Trainingsmöglichkeiten ist die Ausübung dieser Wassersportart im Alltag leider nur bedingt möglich. Bei der Wasserarbeit gibt es Wettbewerbe, Prüfungen und Turniere, die Sie zusammen mit Ihrem Hund absolvieren können. Die Wasserarbeit ist ein spannendes und aufregendes Hobby für Hunde, die Wasser lieben. Als Mensch-Hund-Team können Sie zusammen wachsen und Herausforderungen bewältigen.

Stand-up-Paddling

Das Stand-up-Paddling (SUP) ist eine Wassersportart, die ursprünglich auf polynesische Fischer zurückgeht. Sie haben sich stehend in ihren Kanus mithilfe eines Paddels auf dem Wasser fortbewegt. Auf Hawaii wurde es zu einer beliebten Sportart, die sich dann besonders an der US-Küste und in Australien weit verbreitet hat. Mittlerweile sieht man auch in Europa und Deutschland immer mehr Stand-up-Paddler, die sich vor allem in Begleitung ihrer Hunde auf dem Wasser befinden. Das SUP-Brett bietet genügend Platz für einen Hund, unabhängig von dessen Position auf dem Brett. Er darf stehen, sitzen oder Platz machen, solange er sich dabei wohlfühlt und sich frei balancieren kann. SUP ist ein effektives Fitnesstraining, das bereits ohne Hund anstrengend sein kann. Die Beziehung zwischen Mensch und Hund wird gestärkt, unsichere Hunde bauen Selbstbewusstsein auf und aktive Hunde werden ausgelastet. Beim SUP-Training verbessern Sie die Kommunikation und das Gehorsam Ihres Hundes sowie die Verbindung und das Vertrauensverhältnis zwischen Ihnen und Ihrem Hund. SUP sollte in ruhigen Gewässern ausgeübt werden, ohne starken Wind und hohen Wellengang. Wenn Sie bereits fortgeschritten sind, können Sie SUP auch in anderen Gewässern ausüben und sich auf lange Ausflüge begeben.

Tipp:
Wenn Sie sich auf dem Board sicher fühlen, können Sie ein paar spielerische Tricks für Ihren Hund einbauen, z. B. Pfötchen geben, Slalom um die Beine oder Männchen machen.

Für das SUP ist eine Schwimmweste sehr wichtig. Falls der Hund doch mal ins Wasser fällt, können Sie ihn ganz schnell wieder mithilfe des Rückengriffs auf das Brett heben. Das Board sollte für Anfänger möglichst breit (32″ oder 34″) und lang (12″) sein, damit es genügend Stabilität bietet. Auf dem Brett sollte sich eine rutschfeste Auflage befinden. Das Board sollte ein Deckpad haben, damit die Krallen des Hundes das Brett nicht beschädigen.

Wenn Sie Ihren Hund an das Brett gewöhnen möchten, sollten Sie in kleinen Schritten vorgehen. Beginnen Sie damit, dass Sie Ihren Hund an Land oder am Ufer mit dem Board vertraut machen. Loben Sie ihn, wenn er sich auf das Brett stellt oder daran schnuppert. Wenn er sich unwohl fühlt und wieder runtermöchte, sollten Sie die Übung abbrechen. Wiederholen Sie am Anfang das Rauf- und Runtergehen. Wenn Sie und Ihr Hund sich sicher fühlen, können Sie langsam mit den ersten kleinen Ausflügen im Sitzen beginnen. Gewöhnen Sie Ihren Hund langsam an das Paddeln. Der Hund muss sein Gleichgewicht finden und lernen, Ihnen zu vertrauen. Wenn Sie sich sicher fühlen, können Sie das Paddeln im Stehen ausprobieren. Bevor Sie mit Ihrem Hund zum ersten Mal auf das Board steigen, sollten Sie es alleine ausprobiert haben, um ein Gefühl dafür zu bekommen, wie man das Board steuert, wendet und stoppt.

Das Ziel des Stand-up-Paddlings ist es, Zeit mit dem Hund in der Natur zu verbringen und zu entspannen. Auf dem Board hat der Hund nichts Besonderes zu tun, außer die Umgebung zu beobachten. Für viele Hundehalter ist SUP eine Art der Entschleunigung, die trotzdem die Fitness und die Bindung zwischen Mensch und Hund stärkt. Wenn sich der Hund ruhig auf dem Board verhält, können Übungen eingebaut werden, der Hund kann zwischendurch schwimmen oder Sie können Apportierspiele durchführen.

Achtung!
Bleiben Sie immer in der Nähe des Ufers und fahren Sie niemals zu weit hinaus.

Ein Basis- oder Anfängerkurs wird empfohlen, um beim Einstieg in diese Wassersportart von einem Profi begleitet zu werden. Der Kursleiter kann Sie auf Fehler hinweisen, den richtigen Umgang mit dem Board zeigen und das Training anleiten.

Kanufahren

Eine Alternative zum Stand-up-Paddling ist das Kanufahren. Während einer Kanufahrt können Sie gemeinsam die Natur genießen, kostbare Erinnerungen schaffen und die Beziehung zu Ihrem Hund verbessern. Sie lernen neue Orte kennen, wachsen näher zusammen und haben gemeinsam Spaß. Sie machen neue Erfahrungen und die Kanufahrt auf dem Wasser ist ein einzigartiges Erlebnis. Außerdem bauen Sie beim Kanufahren Stress ab und tanken neue Kraft für den Alltag. Das Wasser kann für viele Hunde zunächst erschreckend und angsteinflößend sein, aber mit einer guten Herangehensweise können Sie das Vertrauen zu Ihrem Hund stärken. Auf einer Kanutour verbessern Sie die körperliche Fitness, da es viel Kraft und Ausdauer verlangt. Das Paddeln und Steuern baut Muskulatur auf, während der Hund seine Koordination und das Gleichgewicht stärkt. Die mentale Fitness wird beim Kanufahren auch gefördert, denn Sie und Ihr Hund machen neue Lernerfahrungen und müssen sich konzentrieren.

Auch beim Kanufahren geht die Sicherheit vor. Ziehen Sie Ihrem Hund eine Schwimmweste an, damit er im Notfall gerettet werden kann und nicht untergeht. Ihr Hund sollte die Grundsignale können und sich auf dem Kanu ruhig verhalten. Schützen Sie sich vor der Sonne und nehmen Sie Trinkwasser und Verpflegung mit. Vermeiden Sie starke Strömungen und Wellen und achten Sie auf das Wetter. Zu hohe Temperaturen und Sturmwarnungen sollten Sie ernst nehmen, verschieben Sie in solchen Fällen die Kanufahrt lieber.

Agility-Training für Hunde

Einführung in den Agility-Sport

Agility ist eine Hundesportart, die in England entstanden ist. Es bedeutet übersetzt „Wendigkeit". Während der Crufts-Hundeschau in Birmingham in den 1970er Jahren wurden Hunde in den Pausen über einen Hindernisparcours geschickt. Die Organisatoren der Hundeschau wollten den Zuschauenden etwas Neues und Spannendes bieten. Die Begeisterung im Publikum war sehr groß und der Hindernisparcours wurde so jährlich wiederholt. Der Parcours bestand aus einfachen Disziplinen, die aus dem Reitsport stammen und die der Hund bewältigen musste. Schnell wurde der Hindernisparcours zu einer Hundesportart und im Jahr 1992 fand die erste Agility-Europameisterschaft statt.

Agility-Sport ist mittlerweile eine beliebte Sportart und wird von vielen Hundeschulen und Hundesportvereinen angeboten. Es gibt Wettbewerbe mit einer Vielzahl von Elementen und Disziplinen, die das Mensch-Hund-Team gemeinsam bestreitet. Agility bereitet Hundebesitzern und ihren Hunden große Freude, bietet eine gute Auslastungs- und Beschäftigungsmöglichkeit und stärkt die Bindung zwischen Mensch und Hund. Außerdem fördert Agility die körperliche Fitness. Doch auch hier ist Vorsicht geboten, denn für Hunde mit Gelenkerkrankungen ist Agility nicht geeignet, da es die Gelenke sehr stark belastet. Für körperlich eingeschränkte Hunde kann Degility eine passende Alternative sein.

Was ist Degility?

Degility ist eine Hundesportart, die besonders für ältere Hunde oder Hunde mit gesundheitlichen Einschränkungen geeignet ist. Sie orientiert sich an den Elementen des Agility-Sports, der Fokus liegt jedoch auf den individuellen Bedürfnissen des Hundes, um ein Training ohne Druck und Zwang zu ermöglichen. Hier haben Hunde die Möglichkeit, eine Sportart in ihrem eigenen Tempo auszuführen, ohne dass rassebedingte oder körperliche Einschränkungen oder Angst- oder Aggressionsverhalten im Weg stehen. Der Parcours wird entsprechend den Bedürfnissen des Hundes vereinfacht und das Training wird in kleinen Schritten aufgebaut. Dem Hund wird stets die Möglichkeit gegeben, die Situation zu verlassen.

Die Trainingsgeräte werden gelenkschonend aufgebaut, die Muskulatur wird beim Training gestärkt und der Bewegungsdrang wird im Rahmen des Trainings- und Gesundheitszustandes angepasst. Ängstliche Hunde können zusammen mit ihren Besitzern wieder Vertrauen fassen und gemeinsam Aufgaben bewältigen.

Degility-Kurse werden mittlerweile in vielen Hundeschulen angeboten. Alternativ können Sie auch zu Hause oder auf den Spaziergängen einen kleinen Parcours aufbauen.

Das Ziel von Agility ist es, dass der Hund einen Hindernisparcours fehlerfrei und in einer hohen Geschwindigkeit durchläuft. Agility-Wettbewerbe sind im VDH und FCI-Reglement in drei Größenklassen aufgeteilt:

- Klein (bis 35 cm)
- Mittel (bis 42 cm)
- Groß (ab 43 cm)

VDH und FCI

Für die Einteilung von Hunderassen und das Organisieren von festen Richtlinien auf offiziellen Wettkämpfen sind Hundeverbände verantwortlich. Der VDH ist der Verband für das Deutsche Hundewesen. Es ist die größte Organisation für Hundezucht und Hundesport in Deutschland. Der FCI (Fédération Cynologique Internationale) ist ein internationaler Dachverband. Der FCI ist für die Anerkennung und die Einteilung der Hunderassen zuständig. Sie legen bestimmte Merkmale fest, die eine Hunderasse ausmachen.

Die Leistungsklassen sind in fünf Bereiche unterteilt, in denen sich der Hund durch Turniererfolge hocharbeiten kann.

- A0 Beginner
- A1
- A2
- A3
- Senioren (ab 6/7 Jahren)

Es ist zu beachten, dass die Einteilung der Leistungsklassen je nach Wettbewerb, Region und Land unterschiedlich sein kann.

Es gibt Kontaktzonengeräte (z. B. Wippe, Steg) und Kontaktfreigeräte (z. B. Hürden, Reifen). Der Hund darf die Kontaktzonengeräte berühren, während er die Kontaktfreigeräte nicht berühren darf. Der Agility-Sport ist in verschiedene Klassen und Disziplinen unterteilt, die sich in dem Einsatz der Turniergeräte unterscheiden. Ein Parcours beinhaltet ca. 12 bis 20 Hindernisse, die auf einer Strecke von 100 bis 200 Metern absolviert werden müssen. Die Disziplinen können je nach Land und Hundesportverein unterschiedlich aufgebaut sein.

Standard Agility

Standard Agility ist die Grundform des Agility. Dabei muss der Hund alle Trainingshindernisse in einer festgelegten Reihenfolge bewältigen. Bewertet werden Schnelligkeit, Ausdauer und das einwandfreie Durchlaufen des Parcours.

Jumping Agility

Hierbei geht es um Turniergeräte, die der Hund möglichst schnell, fehlerfrei und dynamisch überspringen soll. Kontaktzonengeräte sind beim Jumping Agility nicht vorgesehen.

Gambler Agility

Gamblers Agility ist eine Disziplin, bei der Hund und Mensch ausgewählte Hindernisse in einem vorgegebenen Zeitraum bewältigen müssen. Das Ziel besteht darin, die maximale Punktzahl zu erreichen. Der Hundehalter legt während des Durchgangs die Reihenfolge und Anzahl der Geräte fest, jedes Gerät darf jedoch nur zweimal verwendet werden. In dieser Situation muss der Hundehalter unter Druck taktische Entscheidungen treffen und dem Hund klare Anweisungen geben.

Variante: Time Gambler Agility
Beim Time Gambler muss der Besitzer die Zeit schätzen, die der Hund für ein Hindernis benötigt, ohne die Hindernisse im Voraus anzugeben.

Snooker Agility

Die Hindernisse müssen auf dem Hundeplatz in einem speziellen Muster überquert werden. Anders als beim Gambler Agility dürfen die Hundehalter das Muster nicht selbst aussuchen. Die Hürden werden vorher mit blauen und roten Farben markiert oder in Nummern eingeteilt. Diese Disziplin ist zeitlich begrenzt, aber das Mensch-Hund-Team behält trotzdem die Punkte, wenn der Parcours noch nicht abgeschlossen wurde. Der Parcours wird nur dann abgebrochen, wenn der Hund die Geräte in einer falschen Reihenfolge durchläuft.

Hindernisse und Parcoursaufbau

Kontaktzonengeräte

Wippe

Die Wippe besteht aus einem langen Steg, der auf einer Achse liegt und in die Luft hinausragt. Sobald der Hund die Mitte der Wippe erreicht, kippt sie auf die andere Seite hinunter. Für viele Hunde ist dieses Hindernis schwierig, da es ein gutes Gleichgewicht erfordert. Der Hund muss über den Steg der Wippe vollständig laufen und darf nicht zu früh abspringen.

Tisch

Seit 2018 ist der Tisch kein offizieller Bestandteil im Agility mehr, kann aber im Hobbybereich eine schöne Abwechslung und Übung darstellen. Der Hund soll auf einen Tisch springen und dort für etwa 5 Sekunden verweilen, bevor er das Hindernis wieder verlässt. Der Fokus dieses Trainingsgeräts liegt auf der Gehorsamkeit und der Fähigkeit des Hundes, auch in Aktion und unter Adrenalin eine Ruheposition zu halten.

Tipp:
Sie können hierfür einen Tisch, eine Europalette oder einen Baumstumpf verwenden.

Laufsteg

Der Laufsteg besteht aus einem langen Aufstieg, einem langen Steg als Mittelteil und einem Abgang. Der Hund muss dieses schmale Trainingsgerät überqueren, ohne dabei zu springen.

Tipp:
In der Natur können Sie den Laufsteg auf einem Baumstamm oder einer Mauer üben. Legen Sie jeweils ein Brett an beide Enden, damit der Hund auch einen Auf- und Abstieg hat.

Wand

Die Schrägwand hat die Form eines A. Sie ist 90 cm breit und entweder 1,70 m oder 1,90 m hoch. Die Wand besteht aus einer steilen Auf- und Abstiegsrampe, die der Hund hinauf- und wieder herunterlaufen muss.

Tunnel

Der Tunnel ist für viele Hunde ein einfaches Element und eines der ersten Geräte im Agility, das der Hund kennenlernt. Der Hund muss in hoher Geschwindigkeit durch den Tunnel laufen. Der Tunnel kann gerade oder in Kurven verlaufen und ist fest am Boden befestigt. Es gibt auch einen sogenannten Sacktunnel, der leicht in sich zusammenfällt und durch den der Hund sich durchwühlen muss.

Tipp:
Als Ersatz für den Tunnel können Sie in der Wohnung einen Tunnel aufbauen, indem Sie mehrere Stühle hintereinander aufstellen und eine große Decke über sie werfen. So können Sie Ihren Hund an die Dunkelheit gewöhnen und ihm das eigenständige Durchlaufen eines Tunnels beibringen. Das ist vor allem für ängstliche Hunde eine gute Möglichkeit, den Hund auf den Tunnel vorzubereiten.

Kontaktfreigeräte

Hürden und Sprungstangen

Im Agility-Sport lernt der Hund als eine der ersten Übungen das Überwinden von Hürden. Dabei muss er über das Hindernis springen. Es gibt verschiedene Hürdenvarianten, die in der Höhe variieren können. Die Stange ist lose und waagerecht an zwei senkrechten Seitenstangen befestigt. Der Hund darf die Stange weder berühren noch herunterfallen lassen. Eine weitere Variante ist der Ring, der in der Luft schwebt und durch den der Hund springen muss.

Tipp:
Als Ersatz für die Hürden können Sie einen langen Stock nehmen und diesen auf zwei Erhöhungen platzieren. Das Springen durch einen Kreis können Sie auch mit einem Hula-Hoop-Reifen trainieren oder Sie können den Trick „Durch die Arme springen" üben.

Anleitung: Durch die Arme springen

Aufbau:

- Setzen Sie sich auf den Boden vor einen Stuhl, einen niedrigen Tisch oder eine Wand. Legen Sie einen Arm auf den Stuhl bzw. Tisch oder halten Sie ihn an die Wand. Nehmen Sie ein Leckerli und führen Sie den Hund über Ihren Arm auf die andere Seite.
- Der Hund soll nun lernen, auch ohne eine Begrenzung über Ihren Arm zu springen. Entfernen Sie den Arm langsam von dem Gegenstand und belohnen Sie Ihren Hund, wenn er über den Arm klettert oder springt.
- Beugen Sie Ihren Arm, so dass er einen Halbkreis bildet. Üben Sie das Springen so lange, bis der Hund es gut kann. Nehmen Sie den anderen Arm dazu und formen Sie einen Kreis. Falls der Hund sich noch nicht traut, können Sie den Kreis auch in langsamen Schritten schließen.
- Sobald der Hund zuverlässig durch Ihre Arme springen kann, können Sie den Trick auch im Stehen und in unterschiedlichen Höhen üben.

Reifen

Die Reifen sind meistens mit Ketten befestigt und können bei einer Berührung in der Luft schwingen. Der Hund muss durch die Reifen springen, ohne sie zu bewegen.

Weitsprung

Beim Weitsprung wird die Sprungfähigkeit des Hundes getestet, indem er 2 bis 5 Hindernisse hintereinander überspringen muss.

Slalom

Der Slalom besteht aus zwölf Stangen, die 60 cm vertikal voneinander aufgestellt werden. Der Hund muss die Stangen hintereinander umlaufen und darf keine Stangen auslassen. Die Bewegung des Hundes gleicht einem Zick-Zack-Muster.

Tipp:
Üben Sie den Slalom an hintereinander gereihten Pollern. Sie können Ihren Hund auch schon an die Bewegung gewöhnen, indem Sie ihn um Ihre Beine laufen lassen. Sie können auch Stöcke in den Boden stecken. Achten Sie hier jedoch auf die Stabilität und Sicherheit und den gleichmäßigen Abstand der Stöcke.

Mauer

Die Mauer ist ein Hindernis mit unterschiedlichen Höhen, die der Hund überspringen muss.

Viadukt

Die Schwierigkeit beim Viadukt besteht darin, dass der Hund das Hindernis überspringen muss, anstatt darunter durchzulaufen. Das Viadukt besteht aus zwei Bögen oder Öffnungen in der Mitte.

Cavalettis

Cavalettis sind 4 niedrige Hindernisse mit einer maximalen Höhe von 30 cm, die in einem Abstand von 160 bis 200 cm hintereinander aufgebaut werden.

Tipp:
Als Ersatz für Cavalettis können Sie Äste und Stöcke verwenden.

Sicherheit beim Training

Auch wenn Agility viele positive Auswirkungen auf die körperliche Gesundheit, die Gehorsamkeit und die Beziehung zwischen Hund und Halter hat, kann Agility auch eine gefährliche Sportart für den Hund sein, wenn Sie bestimmte Regeln und Vorgaben nicht beachten. Die Hunde müssen beim Agility-Parcours Höchstleistungen erbringen. Bevor Sie mit dem Agility-Sport anfangen, sollten Sie einige Sicherheitsaspekte beachten.

Um mit dem Agility-Sport zu beginnen, sollte der Hund vollständig ausgewachsen sein. Ab einem Alter von 18 Monaten darf er auch an Wettbewerben teilnehmen. Es ist jedoch möglich, Ihren Welpen oder Junghund bereits vorher an die Trainingsgeräte zu gewöhnen und ihm die Angst davor zu nehmen. Eine spielerische Vorbereitung auf die Trainingshindernisse schafft positive Assoziationen für den Welpen und stellt eine gute Grundlage für das ausgewachsene Alter dar. Der Hund sollte langsam an die Geräte herangeführt werden und genügend Zeit haben, um sie kennenzulernen. Vermeiden Sie intensive Übungen. Achten Sie darauf, dass der Welpe nicht zu viel springt und er ausreichend Pausen zum Ausruhen und Verarbeiten hat.

Gehen Sie mit Ihrem Hund zum Tierarzt und lassen Sie ihn untersuchen, um sicherzustellen, dass er keine Gelenkerkrankungen oder Probleme mit dem Herz-Kreislauf-System hat. Hunde, die unter Dysplasie oder Spondylose leiden, sollten kein Agility betreiben, da dies die Erkrankung verschlimmern kann.

Auch übergewichtige Hunde sind für den Agility-Sport ungeeignet, da die Gelenke zu stark belastet werden. Große Hunderassen wie der Bernhardiner und Rassen mit langem Rücken wie der Dackel sind ebenfalls nicht geeignet. Es ist wichtig, dass der Hund über eine grundlegende körperliche Fitness verfügt. Das Agility-Training verbessert die Ausdauer-, Geschicklichkeits-, Koordinations- und Gleichgewichtsfähigkeit des Hundes. Eine gute Grundausdauer kann jedoch den Einstieg ins Agility-Training erleichtern und schnelle Erfolge bringen.

Ein Grundgehorsam wirkt sich auch positiv auf das Training aus. Sie müssen mit Ihrem Vierbeiner beim Agility stets in Kontakt stehen und auf dem Hundeplatz sollte er auf Sie fokussiert sein. Sitz, Platz und ein funktionierender Rückruf sind Grundvoraussetzungen für das Agility-Training.

Vor dem Training sollten Sie Ihren Hund immer aufwärmen. Ohne ein strukturiertes Warm-up steigen das Verletzungsrisiko und das Risiko von Langzeitschäden am Bewegungsapparat. Auch das Cool-down nach dem Training sollten Sie nicht vergessen, da es einen langfristigen Trainingserfolg gewährleistet.

Ist jeder Hund für Agility geeignet?
Agility ist eine spannende Hundesportart, die jeder gesunde Hund ausführen kann. Dennoch gibt es gesunde Hunde, die nicht so viel Spaß an einem Hindernisparcours haben. Zwingen Sie Ihren Hund nie dazu, ein Hindernis zu überqueren. Wenn Sie merken, dass der Hund keine Freude am Agility-Sport hat, müssen Sie das leider akzeptieren. Dies gilt insbesondere dann, wenn der Hund trotz des kleinschrittigen Trainings gestresst und überfordert ist. In diesem Fall sollte eine andere Sportart in Betracht gezogen werden. Im Hundesport ist ein eingespieltes Mensch-Hund-Team wichtig, bei dem beide Seiten Spaß an der körperlichen Aktivität haben. Es gibt viele Hundesportarten, die Sie zusammen mit Ihrem Hund ausprobieren können. Bleiben Sie geduldig! Sie werden bestimmt die richtige Sportart für Sie und Ihren Hund finden.

Parcoursaufbau

Bevor Sie einen Parcours aufbauen, sollten Sie Ihrem Hund jedes Hindernis einzeln beibringen. Nach und nach können Sie die Hindernisse dann effektiv kombinieren, um die Führtechnik zu trainieren. Stellen Sie sicher, dass alle Hindernisse sicher aufgestellt und rutschfest sind. Sie sollten eine angemessene Höhe haben, um die Verletzungsgefahr zu verringern. Ein ausreichender Abstand zwischen den Hindernissen ist ebenfalls wichtig und sollte dem Trainingszustand des Hundes angepasst werden. Je besser der Hund wird, desto enger können Sie die Geräte platzieren. Markieren Sie die Laufwege für den Parcours. So wissen Sie, in welcher Reihenfolge der Parcours absolviert werden muss, und es bietet vor allem Anfängern eine gute Orientierung. Vergessen Sie nicht, einen Trainingsbereich für Aufwärm- und Abkühlübungen einzuplanen. Eine Sicherheitszone ist bei mehreren Teilnehmern auch von großer Bedeutung, damit sich alle sicher bewegen können und das aktive Mensch-Hund-Team nicht gestört wird. Für den Fall, dass ein Unfall passiert, sollte eine Notfallausrüstung, wie z. B. ein Erste-Hilfe-Kasten, vorhanden sein.

Die Fläche für den Aufbau eines Agility-Parcours sollte mindestens 20 x 40 m groß sein. Der Parcours sollte in der Regel eine Länge von ca. 100 bis 220 m haben und 15 bis 22 Hindernisse mit mindestens 7 Sprüngen beinhalten.

Die Reihenfolge des Parcours sollte logisch aufgebaut sein. Es bietet sich zum Beispiel an, Kontaktzonengeräte und Kontaktfreigeräte im Wechsel hintereinander aufzustellen. Für Fortgeschrittene sollte der Parcours abwechslungsreich sein und vielfältige Hindernisse beinhalten.

Wer Agility als Sport betreiben möchte, sollte unbedingt eine Hundeschule oder einen Hundesportverein besuchen. Diese verfügen über ausreichend Platz und in der Regel über abwechslungsreiche Hindernisse und bieten Kurse für das Agility-Training an. Wichtig ist auch, dass das Training von einem Profi begleitet wird, der auf Fehler aufmerksam macht, die Grundlagen vermittelt und einen gezielten Trainingsplan erstellt.

GRUNDLAGEN DES AGILITY-TRAININGS

Das Agility-Training sollte vor allem am Anfang in kleinen Schritten erfolgen. Die vielen Hindernisse, Hürden und Anweisungen können den Hund schnell überfordern und verwirren. Wer zu schnell vorgeht, muss im Training immer wieder einen Schritt zurückgehen oder Signale neu aufbauen. Wenn Sie die Grundlagen von Anfang an in kleinen Schritten aufbauen, haben Sie nicht nur einen selbstbewussten Hund, der viel Freude an den Hindernissen und an der Kooperation mit Ihnen hat, sondern Sie erzielen auch schneller Erfolge. Beachten Sie, dass der Hund die Geräte und Anweisungen verinnerlichen muss. Das braucht Zeit und Geduld.

Damit Ihr Hund später den Hindernisparcours auch ohne eine Belohnung durchführen kann, muss er vorher lernen, dass die Hindernisse nichts Schlimmes bedeuten und sich die Zusammenarbeit mit dem Menschen für ihn richtig lohnt. Belohnen Sie ihn, sobald er das Hindernis richtig bewältigt. Andernfalls könnte der Hund die Belohnung mit dem Zurückkommen anstatt mit dem Hindernis verknüpfen. Beim Agility-Training eignet es sich besonders, ein Spielzeug, das Sie von sich wegwerfen, als Belohnung zu verwenden. So bleibt der Hund in Bewegung und Sie vermeiden, dass er sofort wieder zu Ihnen zurückkehrt. Dies ist ein wichtiger Faktor bei der späteren Kombination der Hindernisse. Der Fokus des Hundes soll auf dem Bewältigen des nächsten Hindernisses liegen, nicht auf Ihnen. Er soll lediglich Ihren Anweisungen folgen. Bei Agility-Wettbewerben sind viele Gerüche und andere Hunde. Fügen Sie auch im Training in kleinen Schritten Ablenkungen hinzu, damit sich Ihr Hund daran gewöhnt und der Gehorsam auch in diesen Situationen funktioniert.

Die Integration des Trainings in den Alltag des Hundes ist eine gute Lösung, wenn Sie nicht regelmäßig auf den Hundeplatz fahren können. Auf dem Spaziergang können Sie die Beweglichkeit des Hundes üben. Bauen Sie viele Wendungen, Drehungen und Tempowechsel in den Spaziergang ein, lassen Sie Ihren Hund auf Baumstämmen balancieren und lassen Sie ihn um Laternen oder Poller laufen. Wenn Sie einen Garten haben, können Sie leicht einen kleinen Parcours aufbauen. Dazu können Sie im Internet ein Agility-Set kaufen oder mit Stöcken und Brettern z. B. Cavaletti, Sprünge und Kontaktzonen üben. Auch das Festigen von Signalen und Befehlen kann auf dem Spaziergang geübt werden. Trainieren Sie den Gehorsam des Hundes in unterschiedlichen Situationen und Kontexten, damit es generalisiert wird.

Aufbau von Vertrauen zwischen Hund und Halter

Ein wichtiger Aspekt, der das Gehorsam beim Agility-Training steigert, ist ein gutes Vertrauensverhältnis zwischen Hund und Halter. Positive Erfahrungen fördern das Vertrauen. Indem Sie Ruhe und Gelassenheit ausstrahlen, geben Sie Ihrem Hund ein Gefühl von Sicherheit. Führen Sie den Hund schrittweise an die Hindernisse und zwingen Sie ihn nicht dazu. Jede schlechte Erfahrung kann das Vertrauen zwischen Ihnen und Ihrem Hund brechen. Ein kleinschrittiger Aufbau führt gleichzeitig zu vielen Erfolgserlebnissen, die das Selbstvertrauen des Hundes fördern. Integrieren Sie spielerische Interaktionen in die Trainingseinheiten, wie z. B. Apportierspiele. Achten Sie auf die Bedürfnisse Ihres Hundes und erkennen Sie rechtzeitig, wenn er sich unwohl fühlt. Setzen Sie sich für Ihren Hund ein und helfen Sie ihm, wenn er überfordert ist. So lernt der Hund, dass er sich auf seinen Halter verlassen kann. Lernen Sie, schwierige Situationen souverän zu meistern, um Ihrem Hund Sicherheit zu geben. Stellen Sie sich gemeinsam mit Ihrem Hund neuen Herausforderungen. Jedes Mal, wenn Sie diese erfolgreich meistern, steigt das Vertrauen zwischen Ihnen und Ihrem Hund. Dazu gehört auch das Überwinden eines Agility-Hindernisses. Vertrauen können Sie nicht von heute auf morgen aufbauen. Eine innige Beziehung zwischen Hund und Mensch braucht Zeit und viele gemeinsame Erfahrungen.

Techniken für das richtige Timing

Das richtige Timing ist beim Agility eine Voraussetzung für Ihren Hund, um rechtzeitig das richtige Hindernis bestreiten zu können. Wenn Sie das Signal zu spät geben, läuft der Hund beispielsweise aufgrund einer verspäteten Drehung oder Wendung schief an und kann das Hindernis nicht sauber überqueren. Sie sollten sich die Reihenfolge des Parcours gut merken, damit Sie Ihrem Hund frühzeitig das Signal für das richtige Hindernis geben können. Es ist wichtig, dass die Signale einheitlich und konsistent verwendet werden. Somit versteht Ihr Hund besser, was von ihm erwartet wird.

Tipp:
Filmen Sie das Agility-Training und verlangsamen Sie das Video, sodass Sie hinterher Fehler im Timing, der Durchführung und den Anweisungen erkennen können.

Beim Agility ist es essenziell, dass der Hundehalter beide Körperseiten zum Führen durch den Parcours verwendet. Der Hund kann neben, vor und hinter dem Halter laufen. Dafür gibt es spezielle Lauftechniken. Die Lauftechniken und Drehungen zielen darauf ab, einen schnellstmöglichen Wechsel der Führhand und Körperseite sowie enge Bögen durchzuführen. Sie sind wichtig für das Timing und die Orientierung des Hundes. Der Hund sollte während des

Laufs die Führhand stets als Anleitung betrachten. Das können Sie am Anfang gut mit Leckerlis aufbauen, die Sie in der führenden Hand halten.

- Der klassische Wechsel ist eine Lauftechnik, bei der Sie die Laufrichtung des Hundes kreuzen. Sie befinden sich dabei hinter dem Hund, indem Sie ihn vorher über das Hindernis schicken.
- Beim Belgischen Wechsel ändert der Hundehalter vor dem Hund mithilfe einer Wende die Führhand. Das Ziel ist es, den Blickkontakt zum Hund aufrechtzuerhalten. Es kommt außerdem zu einem Wechsel der Körperseite.
- Der Französische Wechsel erfolgt durch eine Drehung, wodurch der Blickkontakt zwischen Hund und Halter für einen kurzen Moment unterbrochen wird.

Üben Sie die Durchführung der Hindernisse immer aus verschiedenen Winkeln und geben Sie Ihrem Hund aus verschiedenen Positionen das Signal zum Überqueren der Hürde. Sie können den Hund auch mit dem Rücken zum Trainingsgerät platzieren, sodass er erst eine halbe Drehung machen muss, wenn er auf das Gerät zuläuft. Steigern Sie die Distanz zu den Hindernissen schrittweise, damit Ihr Hund die Signale auch ausführen kann, ohne dass Sie neben ihm stehen. Das ist die Voraussetzung für das Erlernen von Wechseltechniken, Wendungen und Drehungen. Bauen Sie Richtungssignale (z. B. „links", „rechts", „außen") auf. Diese können mithilfe der Körpersprache, Handzeichen oder Ihrer Stimme vermittelt werden.

Fortgeschrittene Agility-Techniken

Strategien für schnellere Zeiten

Kontaktzonen trainieren

Es gibt drei Geräte, die mit einer farblichen Markierung eine Kontaktzone verdeutlichen. Dazu gehören die Wippe, der Steg und die Wand. Am Anfang und Ende der Hindernisse sind Bereiche, die der Hund mit mindestens einer Pfote berühren muss, während sich seine Vorderbeine auf dem Boden befinden. So wird ein früher Absprung vom Hindernis verhindert. Außerdem ist es die einzige Zone, die nicht mit einer Verweigerung bewertet werden kann, falls der Hund stehen bleibt.

Um die Kontaktzonen zu trainieren, braucht es viel Feingefühl und eine gute Koordinationsfähigkeit. Diese können Sie im Voraus schon mit Fitnessübungen fördern. Für das Erlernen der Kontaktzonen und das gezielte Setzen der Pfoten eignet sich ein Clicker oder ein Markerwort, mit dem Sie punktgenau das Verhalten des Hundes verstärken können.

Vorübung: Erhöhtes Stehen

Sie brauchen einen erhöhten Gegenstand, auf dem der Hund mit seinen Hinterpfoten stehen kann. Seine Beine berühren dabei den Boden. Sie können zum Beispiel einen Kinderhocker, ein Balancekissen, ein dickes Buch, eine Kiste oder einen Baumstumpf verwenden. Führen Sie den Hund mit einem Leckerli über den Gegenstand, bis er mit seinen Hinterpfoten auf diesem steht. Sie können seine Hinterpfoten auch beim Rückwärtslaufen auf den Gegenstand führen.

Vorübung: Anheben der Pfote

Eine weitere Übung für die Koordination der Beine ist das einzelne Anheben der Pfoten. Sie können für jede Pfote ein Signal einführen, das der Hund ausführen soll. Sie können als Hilfsmittel eine Fliegenklatsche verwenden, die der Hund mit seiner Pfote berühren soll. Nach und nach lassen Sie die Fliegenklatsche weg und geben nur noch das jeweilige Signal. Es ist nicht nur eine anstrengende Fitnessübung, die mental auslastet, sondern auch eine gute Dehnübung zum Aufwärmen.

Kontaktzonenübung: Warteposition

Schließlich müssen Sie die Kontaktzonen am Hindernis regelmäßig trainieren. Wenn Sie mit dem Agility anfangen, können Sie sofort positive Assoziationen mit den Kontaktzonen herstellen, indem Sie die Übungen auf den markierten Bereichen durchführen. Der Hund lernt, dass es etwas Tolles gibt, wenn er die Kontaktzone erreicht und berührt. Idealerweise befinden sich seine Hinterpfoten noch auf dem markierten Bereich und seine Vorderbeine bereits auf dem Gras. Während er in dieser Position wartet, belohnen Sie den Hund und geben das Signalwort für die Kontaktzone. Daraufhin geben Sie das Auflösesignal (z. B. „Ok", „Frei") und der Hund darf die Kontaktzone verlassen. So lernt der Hund, dass er an der Kontaktzone kurz warten soll. Belohnen Sie den Hund nur für die Warteposition und nicht für das Verlassen des Hindernisses.

Tipp:
Benutzen Sie während des Trainings eine Stoppuhr, um die Zeit im Auge zu behalten und zu wissen, ob Sie sich verbessert haben.

Schnelligkeit ist nicht nur für den Hund wichtig. Beim Agility muss sich auch der Hundehalter schnell drehen und wenden können. Lauftechnik, Beinarbeit und Ausdauer sind entscheidend. Sie müssen eine hohe Schrittfrequenz trainieren, die Sie während des Laufs schnell variieren können. Die Zeit, in der die Füße den Boden berühren, beeinflusst den Krafteinsatz und die Beschleunigung. Es reicht leider nicht aus, nur das Laufen und Sprints zu trainieren. Sie können mit Hilfe einer Koordinationsleiter und dem Lauf-ABC komplexere Bewegungsabläufe üben.

Lauf-ABC

Das Lauf-ABC steht für Athletik, Bewegung und Koordination. Es ist ein Trainingskonzept, das sich auf verschiedene Übungen für die Beweglichkeit, Lauftechnik und die Sprungkraft fokussiert. Es beruht auf der Fußgelenksarbeit.

Skipping

Das Skipping erfolgt in schnellen, kleinen Schritten in kurzen Abständen hintereinander. Üben Sie die Schritte zunächst auf der Stelle, bevor Sie das Skipping in Bewegung ausführen. Die Beine winkeln Sie leicht bis zu 45° an. Der Fußballen berührt zuerst den Boden und rollt dann über die Ferse ab. Durch die Schnelligkeit der Schritte sieht das Skipping so aus, als würden Sie nur auf den Zehenspitzen laufen.

High Knees

Beim Joggen heben Sie das vordere Knie so hoch wie möglich im Wechsel an. Es sollte mindestens auf Hüfthöhe sein.

Butt Kicks

Butt Kicks sind die Gegenübung zu High Knees. Bei dieser Übung sollten die Füße so kurz wie möglich den Boden berühren. Das Bein muss so weit nach hinten gestreckt werden, dass der Fuß das Gesäß berührt. Wenn dies nicht möglich ist, können Sie die Beine so hoch wie möglich anheben. Versuchen Sie, möglichst leise aufzutreten.

Crossing Steps

Hier wird mit gekreuzten Beinen seitwärts gelaufen. Platzieren Sie den linken Fuß überkreuzt vor dem rechten Fuß. Nehmen Sie das rechte Bein nach rechts und platzieren Sie nun den linken Fuß überkreuzt hinter dem rechten Fuß und nehmen Sie diesen nach vorne. Üben Sie das Überkreuzen zunächst beim Gehen, damit Sie das Muster verinnerlichen. Sie können auch die Richtung und den Fuß wechseln. Achten Sie darauf, dass der Oberkörper während der Schritte immer aufrecht bleibt und sich nicht mitbewegt. Crossing Steps erfordern viel Koordination und sind eine gute Übung, um Schrittsequenzen zu trainieren, die Sie im Agility brauchen.

Side Jumps

Ergänzend zu den Crossing Steps können Sie auch seitliche Sprünge trainieren. Die Arme werden an der Hüfte angewinkelt. Wenn Sie nach links laufen, springen Sie mit dem rechten Bein ab und landen auf dem linken Fuß. Ziehen Sie nun das rechte Bein nach, so dass der rechte Fuß unter Ihnen landet. Jetzt springen Sie wieder mit dem rechten Bein ab. Wiederholen Sie die Übung auch mit dem anderen Fuß in die andere Richtung.

Reverse Running

Beim Agility müssen Sie sehr oft rückwärtslaufen, zum Beispiel beim Drehen oder Wenden. Die Bewegungsabläufe sind beim Reserve Running wie beim Vorwärtslaufen, nur dass Sie sich nach hinten bewegen. Hier wird vor allem die Wadenmuskulatur beansprucht. Gehen Sie zunächst rückwärts. Sobald Sie sich darin sicher fühlen, können Sie schneller laufen. Achten Sie darauf, dass sich niemand hinter ihnen befindet.

Beispiel für eine Trainingseinheit

Diese Trainingseinheit kann 2- bis 3-mal wiederholt werden. Im Anschluss daran können noch Wendungen und Drehungen aus dem Agility trainiert werden oder die letzte Übung kann durch diese ersetzt werden.

Aufwärmen: 5 Minuten Joggen, kurze Dehnübungen, kurzer Hopserlauf

Belastung	**Lauf-ABC**	**Strecke**
Schnellkraft	Skipping	10–40 m
Schnellkraftausdauer	Crossing Steps	40–100 m
Pause	Gehen / lockerer Hopserlauf	10–40 m
Schnellkraft	High Knees	10–40 m
Schnellkraftausdauer	Butt Kicks	40–100 m
Pause	Gehen / lockerer Hopserlauf	10–40 m
Schnellkraft	Reverse Running	10–40 m
Schnellkraftausdauer	Side Jumps	40–100 m
Pause	Gehen / lockerer Hopserlauf	10–40 m
Schnellkraft	Skipping	10–40 m
Schnellkraftausdauer	Crossing Steps	40–100 m
Pause	Gehen / lockerer Hopserlauf	10–40 m

Koordinationsleiter

Auf der Koordinationsleiter können verschiedene Übungen in unterschiedlichen Mustern, Rhythmen und Geschwindigkeiten ausgeführt werden. Der Schwerpunkt liegt auf der korrekten Ausführung der Schrittfolgen. Wenn diese sicher ausgeführt werden können, ist der Einsatz einer Stoppuhr sinnvoll, um die Schnelligkeit zu trainieren.

Anleitung: Koordinationsleiter
Sie können sich eine Koordinationsleiter einfach zu Hause aufbauen. Dafür brauchen Sie nur Kreide, Klebeband, zwei Zollstöcke oder zwei Seile. Mit der Kreide können Sie einfach das Muster auf die Straße malen. Sie können auch mehrere Klebebandstreifen als Sprossen verwenden, die Sie links und rechts entweder auf einen Zollstock oder ein Seil kleben. Eine Koordinationsleiter besteht meistens aus 8 Feldern.

Beim Training mit der Koordinationsleiter sollten Sie den Oberkörper aufrecht halten, den Blick nach vorne halten und zuerst mit dem Ballen auftreten. Der Kontakt mit dem Boden sollte so kurz wie möglich sein.

Übung 1
Laufen Sie zunächst mit jeweils einem Fuß im Feld durch die Leiter. Fangen Sie einen Durchgang mit dem linken Fuß an, den anderen mit dem rechten Fuß.

Übung 2
Springen Sie mit dem rechten Fuß in jedes Feld, bis Sie das Ende erreicht haben. Danach können Sie die Übung mit dem linken Fuß durchführen.

Übung 3

Setzen Sie beide Füße nacheinander in jedes Feld.

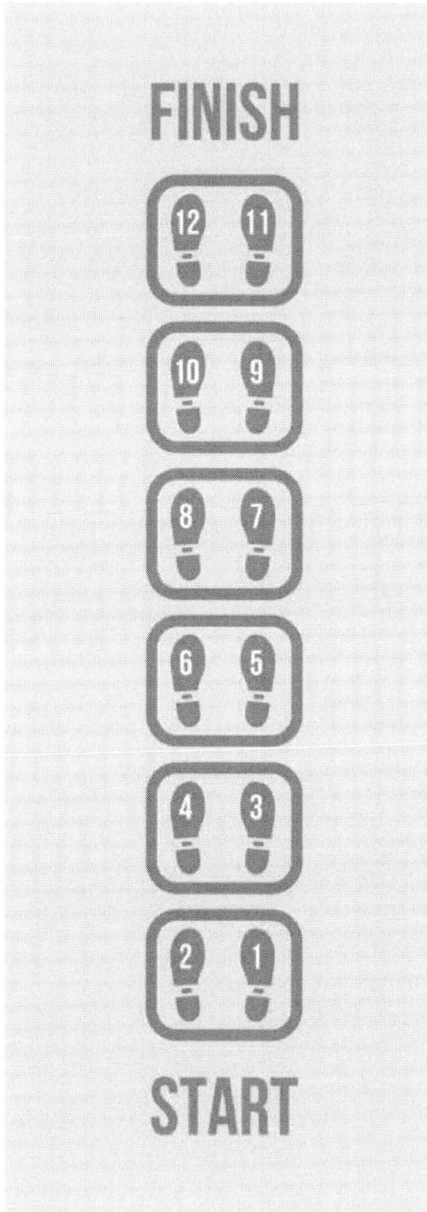

Übung 4

Beginnen Sie, indem Sie mit dem rechten Fuß in das Feld treten. Anschließend treten Sie mit dem linken Fuß in dasselbe Feld. Springen Sie mit dem rechten Fuß zum nächsten Feld, jedoch nach rechts außerhalb der Leiter. Dann treten Sie mit dem linken Fuß in das Feld. Beginnen Sie nun wieder mit dem rechten Fuß im nächsten Feld und ziehen Sie den linken Fuß nach. Diese beiden Muster führen Sie abwechselnd bis zum Ende der Leiter durch.

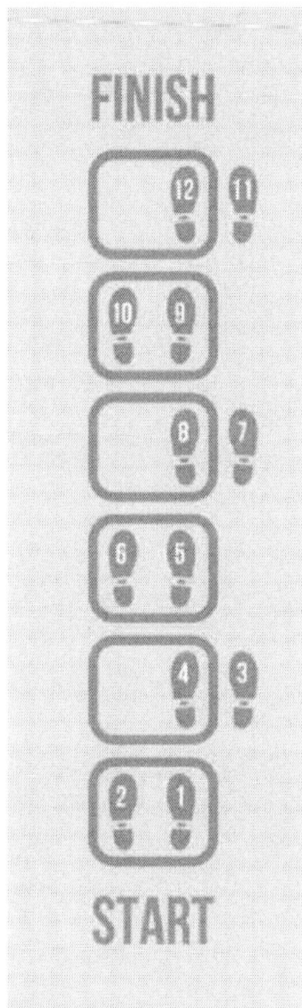

> **Tipp:**
> Sie können die Koordinationsleiter auch für Ihren Vierbeiner verwenden, um Koordinationsübungen durchzuführen. Bringen Sie Ihrem Hund bei, seine Pfoten in die Lücken und nicht auf die Sprossen zu setzen. Sie können ihm auch das koordinierte Rückwärtslaufen beibringen. Passen Sie die Abstände der Sprossen auf die Körpergröße des Hundes an.

Beispiel für ein komplexes Muster:

Feld 1:

- rechter Fuß rechts außerhalb der Leiter
- linker Fuß in das Feld
- rechter Fuß in das Feld

Feld 2:

- linker Fuß links außerhalb der Leiter
- rechter Fuß in das Feld
- linker Fuß in das Feld

Feld 3–8:
Vorgang wiederholen

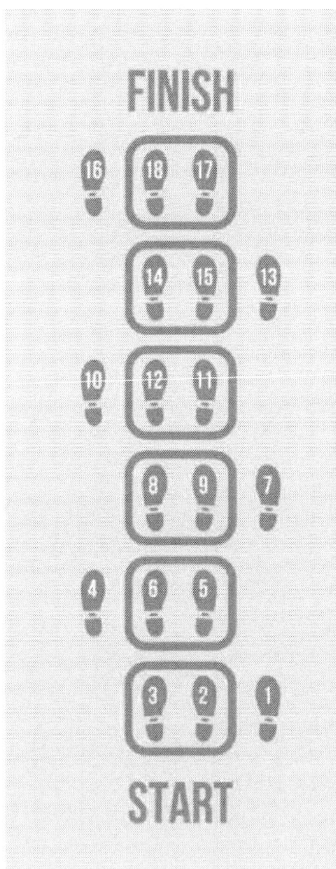

Für mehr Abwechslung können Sie das Muster auch seitlich durchführen.

Tipp:
Bauen Sie verschiedene Armbewegungen in die Übungen ein, z. B. abwechselndes Hochheben und seitliches Ausstrecken der Arme. Sie können auch gegengleiche Bewegungen ausführen (z. B. mit rechts auftreten und den linken Arm ausstrecken). Ein Kniehebelauf oder Anfersen ist auch eine gute Möglichkeit, den Schwierigkeitsgrad zu erhöhen.

Herausfordernde Parcours-Designs

Ein abwechslungsreicher Parcours fordert Mensch und Hund und bereitet auf Wettkämpfe vor. Geschicklichkeit und Lauftechnik werden trainiert und Strategien werden erprobt. Vermeiden Sie Hindernisse nebeneinander und bauen Sie Kreuzungen ein. Eine Wippe sollte nicht hinter einer A-Wand stehen. Schaffen Sie Variationen, bauen Sie schwierige Wendungen und Drehungen ein, um das Reaktionsvermögen zu trainieren. So können Sie und Ihr Hund den Parcours optimal nutzen und das Beste aus dem Lauf herausholen.

Vorbereitung auf Agility-Wettbewerbe und -Turniere

Während eines Agility-Wettkampfes sind Leine und Leckerli nicht erlaubt. Der Hund darf weder Halsband noch Geschirr tragen. Er muss die Hindernisse selbständig unter den Anweisungen des Hundeführers überwinden. Der Hundeführer darf seinem Hund die Signale durch Stimme und Körpersprache geben. Die Reihenfolge der Hindernisse darf erst zu Beginn des Wettbewerbs bekannt sein. Es ist erlaubt, sich kurz vor dem Start ohne den Hund mit der Reihenfolge vertraut zu machen.

Wirft der Hund während des Laufs Stangen um, verwechselt er Geräte oder berührt er Kontaktzonen nicht, erhält das Mensch-Hund-Team Strafpunkte. Das Team mit den wenigsten Fehlern und der schnellsten Zeit gewinnt. Läuft der Hund an einem Gerät vorbei, gilt dies als Verweigerung. Eine Disqualifikation erfolgt nach drei Verweigerungen und einer Überschreitung der Maximalzeit. Das bedeutet, dass der Lauf nicht gewertet wird. Der Parcours kann jedoch zu Ende geführt werden.

Vor einem Agility-Wettkampf ist es ratsam, den Parcours mehrmals zu simulieren. Üben Sie verschiedene Abfolgen innerhalb eines Parcours und wechseln Sie die Reihenfolge unerwartet. So können Sie die Reaktionsschnelligkeit des Hundes trainieren. Denken Sie auch daran, die Parcours ab und zu ohne einen Leckerlibeutel am Gürtel durchzuführen. Lassen Sie Ihren Hund ohne Geschirr und Halsband laufen, um ihn an die Wettkampfbedingungen zu gewöhnen. Nehmen Sie Ihren Hund mit zu Veranstaltungen, bei denen viel Trubel herrscht.

So können Sie ihn auf die Wettkampfatmosphäre vorbereiten. Routinen helfen dem Hund, sich zu beruhigen und sich mental auf stressige Situationen vorzubereiten.

Das kann zum Beispiel ein festes Aufwärmritual vor dem Wettbewerb sein. Es hilft dem Hund enorm, etwas Bekanntes zu tun, und gibt ihm eine gewisse Orientierung.

Der Startbereich ist für viele Hunde eine aufregende Situation, die viel Stress verursachen kann. Der Hund würde am liebsten loslaufen, muss aber auf das Startsignal warten und andere Hunde beobachten, die den Parcours absolvieren. Alle Hunde sind angespannt, was sich auch auf den eigenen Hund übertragen kann. Deshalb ist es wichtig, dass Sie Ihrem Hund beibringen, seine Aufmerksamkeit auf Sie zu lenken. Belohnen Sie Ihren Hund, wenn er Sie in Stresssituationen anschaut. Auch wenn es Ihnen schwerfällt, versuchen Sie, ruhig zu bleiben und Ihre Nervosität nicht überhandnehmen zu lassen. Sie können zum Beispiel Atemtechniken anwenden, um souverän und entspannt zu bleiben.

Kein Hund kann auf Anhieb einen perfekten Parcours laufen. Jeder Wettkampf ist eine neue Erfahrung wert, auch wenn Sie nicht so gut abgeschnitten haben. Fehler gehören zum Training und sind notwendig, um voranzukommen und den Leistungsstand des Hundes zu verbessern. Beim nächsten Mal kennt der Hund die Situation bereits und kann sich besser auf Sie konzentrieren. Geben Sie Ihrem Hund ausreichend Zeit und trainieren Sie in kleinen Schritten, um ihn nicht zu überfordern. Agility ist eine Extremsportart, die eine hohe körperliche Fitness erfordert. Es ist normal, dass dieser hohe Anspruch viel Zeit erfordert. Genießen Sie die gemeinsame Zeit mit Ihrem Hund. Das Ziel von Agility ist es, dem Mensch-Hund-Team Freude zu bereiten, fit zu bleiben und neue Erfahrungen zu sammeln.

Physiotherapie und Rehabilitation für Hunde

Die Bedeutung von Physiotherapie für Hunde

Bewegungsfreiheit ist wichtig für die Lebensqualität von Hunden. Alle Situationen, die das Leben eines Hundes ausmachen, erfordern Bewegung. Dafür benötigt der Hund funktionierende Gelenke, Knochen und Muskeln. Leider haben viele Hunde aufgrund genetischer oder traumatischer Ursachen eine Fehlstellung der Gelenke. Das bedeutet, dass jede Bewegung dem Hund spätestens im Alter Schmerzen bereiten wird. Durch die Wiederherstellung der Beweglichkeit und Belastbarkeit kann Ihr Hund wieder an langen Spaziergängen teilnehmen, ausgelassen spielen und mit Ihnen in den Urlaub fahren.

Physiotherapie ist ein Behandlungsverfahren, das akute und chronische Beschwerden des Bewegungsapparates verbessert und zur Prävention und Rehabilitation eingesetzt wird. In der Humanmedizin wird die Physiotherapie seit vielen Jahrzehnten zur Behandlung von Krankheiten eingesetzt. Seit einigen Jahren erfreut sich die Physiotherapie auch bei Pferden, Hunden und Katzen großer Beliebtheit. Das Wohlbefinden und die Gesundheit von Haustieren gewinnen in der Gesellschaft zunehmend an Bedeutung.

Ziel der Physiotherapie ist es, schmerzfreie Bewegungen zu ermöglichen, Heilungsprozesse zu verbessern und Alterungsprozesse zu verzögern. Dies wird erreicht, indem der Physiotherapeut von außen auf die Muskelgruppen oder Körperbereiche einwirkt. Blockaden, Gelenk- und Verspannungsschmerzen kann der Physiotherapeut mit Massagen und speziellen Geräten lösen. Der Muskelaufbau erfolgt auf dem Unterwasserlaufband oder durch gelenkschonende Fitnessübungen und Koordinationstraining. Leidet Ihr Hund unter Arthrose oder wurde bei ihm eine Gelenkerkrankung diagnostiziert? Dann kann eine Physiotherapie für Ihren Hund sinnvoll sein.

Die Physiotherapie wird immer von einem Tierphysiotherapeuten begleitet und durchgeführt. Dieser kennt sich im Bereich der Anatomie, Physiologie und Bewegung aus und kann den Zustand des Hundes bewerten, um Ihnen einen individuellen Fitness- und Therapieplan zur Verfügung zu stellen. Außerdem bewährt sich die Zusammenarbeit eines Physiotherapeuten mit Ihrem Tierarzt oder der Tierklinik, damit die physiotherapeutische Behandlung im Einklang mit den medizinischen Empfehlungen der Arztpraxis steht. Wenn Sie Ihren Hund aufgrund eines Unfalls oder einer Gelenkerkrankung am Bewegungsapparat operieren lassen müssen, sollten Sie die Beweglichkeit Ihres Hundes in Begleitung eines Physiotherapeuten wieder herstellen. Ohne Physiotherapie wird der Hund seine Beweglichkeit nicht zurückerlangen, was vor allem spätestens im Alter dem Hund Schmerzen bereiten wird. Operationen und post-operative Phasen sollten bei Hunden ernst genommen werden, denn es kann auch hinterher aufgrund von Schonhaltungen, falsch ausgeführten Physioübungen und Überforderungen zu einer Verminderung der Lebensqualität kommen.

Ein bedeutender Bestandteil der Physiotherapie ist die Durchführung der Physioübungen auch außerhalb der Praxis. Wenn Sie nur alle zwei Wochen mit Ihrem Hund während der Physiotherapiestunde Fitnessübungen ausführen, wird sich kein Trainingserfolg zeigen. Daher sollten Sie die Fitnessübungen auf jeden Fall auch zuhause durchführen. Es empfiehlt sich, die Intensität, Dauer und Wiederholungen der Übungen mit einem Physiotherapeuten abzusprechen, der über ausreichend Fachkenntnisse verfügt und den Gesundheitszustand des Hundes gut einschätzen kann. So können Sie Verletzungen und Überforderungen beim eigenständigen Training vermeiden.

Warum sollten Sie zur Tierphysiotherapie gehen?

Nach bestimmten Operationen, Unfällen oder Verletzungen ist es beim Menschen notwendig, die Mobilität und Muskulatur durch Physiotherapie wiederherzustellen. Dies sollte bei Hunden nicht anders sein. Physiotherapie kann den Bewegungsapparat des Hundes vor und nach Operationen unterstützen. In einigen Fällen kann eine physiotherapeutische Behandlung sogar Operationen verhindern. Ein Beispiel dafür ist die Patellaluxation, bei der die Kniescheibe beim Laufen rausspringt. Wenn Ihr Hund zu Knieproblemen neigt, kann ein regelmäßiger und angemessener Muskelaufbau den Bewegungsapparat so stärken, dass der Hund wieder beschwerde- und schmerzfrei laufen kann.

Ältere Hunde können von einer physiotherapeutischen Behandlung sehr profitieren. Wenn Hunde alt werden, verlieren sie schnell an Muskelmasse und haben Schmerzen im Bewegungsapparat. Manche Hunde leiden eventuell an Arthrose, was das Aufstehen erschwert und die Bewegungsfreude einschränkt.

Der Physiotherapeut kann durch Massagen die Schmerzen des Hundes lindern und Verspannungen lösen. Zudem können durch regelmäßige Physiotherapie weitere Verletzungen vermieden werden. Auch die Vorbeugung und Nachbehandlung von rassetypischen Erkrankungen wie HD/ED spielt in der Physiotherapie eine große Rolle.

Übergewichtige Hunde können unter Anleitung eines Tierphysiotherapeuten sicher und effektiv abnehmen, um weitere Komplikationen zu vermeiden. Der Physiotherapeut kann auch dabei helfen, die Kondition und Muskulatur des Vierbeiners aufzubauen und das Gangbild zu verbessern. Bei neurologischen, muskulären und skelettalen Erkrankungen kann ein Besuch in einer Tierphysiopraxis ebenfalls hilfreich sein.

Schließlich ist eine Überprüfung des Bewegungsapparates durch einen Physiotherapeuten für sportliche Hunde besonders wichtig, insbesondere wenn sie Extremsportarten ausüben. Dadurch können Überforderungen, Überbelastungen und Verletzungen frühzeitig erkannt werden.

Gibt es Risiken bei einer Physiotherapie?
Wenn der Physiotherapeut die betroffenen Körperbereiche behutsam behandelt und den Hund nicht überfordert, ist der Besuch einer Physiopraxis unbedenklich. Eine Überlastung der Muskulatur kann zu Entzündungen und Verletzungen führen. Die Physiotherapie sollte immer an den individuellen Gesundheitszustand des Hundes angepasst werden. Deshalb sollten Sie mit Ihrer Physiopraxis stets im Austausch bleiben und Veränderungen im Verhalten Ihres Hundes mitteilen. Nach Operationen oder Diagnosen sollten Sie der Praxis im Idealfall auch Röntgenbilder zur Verfügung stellen, damit Sie über den Bewegungsapparat Ihres Hundes Bescheid wissen. Auch wenn die Tierphysiotherapie eine große Hilfe für Ihren Hund sein kann, ersetzt sie nicht die Diagnose eines Tierarztes.

Verletzungen und Erkrankungen bei Hunden

Bizepssehnenverletzung

Die Schulter ist bei Hunden muskulär mit dem Rumpf verbunden. Beim Springen wird der Hund mithilfe von Muskeln aufgefangen. Damit dieser Effekt zustande kommt, braucht er eine nach hinten gelagerte Schulter und einen langen Oberarm. Sporthunde sind häufig von Verletzungen im Schulterbereich (z. B. Zerrungen, Dehnungen, Entzündungen, Risse) betroffen. Sie geschehen beispielsweise durch einen Sportunfall, indem die Bizepssehne überbelastet wird.

Die Behandlung einer Bizepssehnenverletzung kann durch Physiotherapie, eine Operation oder die Zugabe von Medikamenten erfolgen. Eine häufige Operationsmethode ist die Durchtrennung der Sehne vom Muskel. Aufgrund der Tatsache, dass die Schulter muskulär mit dem Rumpf verbunden ist, kann die Physiotherapie schnelle Erfolge erzielen. Es werden Verspannungen und Verhärtungen gelöst und die Muskulatur wird in langsamen Schritten wieder aufgebaut.

Hüftgelenksdysplasie (HD)

Hüftgelenksdysplasie (HD) ist eine angeborene Fehlbildung des Hüftgelenks, bei der die Gelenkpfanne zu klein oder nicht tief genug ist, was zu einem lockeren Hüftgelenk führt. Dies kann bereits im Alter von 4 Monaten zu Arthrose führen. Schnelles Wachstum, Übergewicht und ein hoher Energie- und Mineralstoffgehalt können die Entwicklung einer HD begünstigen. Deshalb ist die richtige Ernährung im Welpenalter sehr wichtig. Eine Heilung der HD ist leider nicht möglich und die Prognose hängt vom Schweregrad und den Symptomen ab. Durch verschiedene Behandlungsmöglichkeiten kann der Krankheitsverlauf verzögert und schmerzfrei gestaltet werden. Große Rassen wie Labrador Retriever, Rottweiler, Berner Sennenhund, Deutscher Schäferhund und Boxer sind besonders anfällig für Hüftgelenksdysplasie. Die Symptome der HD können bereits im Welpenalter auftreten. Zwischen dem 4. und 8. Lebensmonat läuft der Hund sehr breitbeinig, es entwickelt sich ein auffälliger Hüftschwung beim Gehen und die Gangarten werden in schaukelnden Bewegungen ausgeführt. In manchen Fällen können Sie auch das Knacken der Gelenke hören. Der Hund hüpft wie ein Kaninchen und stößt sich beim Laufen oder Rennen mit beiden Hinterbeinen gleichzeitig ab. Im fortgeschrittenen Stadium zeigen die Hunde Lahmheit, Lustlosigkeit und Schwierigkeiten beim Aufstehen.

Eine Dysplasie kann konservativ in Form von einer Physiotherapie oder operativ behandelt werden. Bei der Physiotherapie steht die Schonung des Hüftgelenks und der Aufbau der Muskulatur im Vordergrund, z. B. durch Schwimmen oder Laufen auf dem Unterwasserlaufband. Massagen können Schmerzen, Entzündungen und Verspannungen lindern. Bei schweren Verläufen kann eine Operation schlimmere Folgen verhindern (z. B. X-Beine, Schonhaltung, Bänderriss, Verschleiß). Je nach Ausprägung und Schweregrad der HD werden bei einer Operation Nerven oder Muskeln durchtrennt, Kapseln gedehnt, Zugstabilisierungen vorgenommen, das Pfannendach wird verlängert oder verschwenkt oder der Oberschenkelkopf wird entfernt. Im schlimmsten Fall muss das Gelenk durch ein künstliches Hüftgelenk ersetzt werden.

Um die Gelenke des betroffenen Hundes zu schonen, ist es wichtig, ruckartige Bewegungen zu vermeiden (z. B. abrupte Start- und Stoppbewegungen, Ballspiele, Sprünge). Passen Sie die Ernährung des Hundes an und trainieren Sie runde Bewegungen (z. B. Schwimmen).

Ellbogendysplasie (ED)

Das Ellenbogengelenk besteht aus drei Knochen (Oberarmknochen, Elle, Speiche), die zusammen für einen reibungslosen Bewegungsablauf verantwortlich sind. Durch eine Fehlbildung des Gelenks passen die Gelenkflächen nicht zueinander und es entwickelt sich eine Ellbogendysplasie, die mit Arthrose und Schmerzen verbunden ist. ED ist wie HD erblich bedingt und entwickelt sich als Folge von Mangelernährung, Übergewicht und Überanstrengung im Wachstumsalter. Der Hund hat Schwierigkeiten beim Aufstehen und Abliegen und zeigt Lahmheiten beim Gehen. Zur Behandlung der ED stehen je nach Schweregrad der Erkrankung und der Fehlstellung des Ellbogengelenks verschiedene chirurgische Methoden zur Verfügung. Physiotherapie kann die Gelenke zusätzlich unterstützen.

Kreuzbandriss

Der Kreuzbandriss ist aufgrund des Körperbaus eine der häufigsten Verletzungen beim Hund. Das Kniegelenk wird von zwei Seitenbändern, dem vorderen Kreuzband (Ligamentum cruciate craniale) und dem hinteren Kreuzband (Ligamentum cruciate caudale) gestützt. In den meisten Fällen reißt nur das vordere Kreuzband, da es bei Bewegungen (z. B. Laufen, Springen, Drehen) erheblichen Kräften ausgesetzt ist. Das vordere Kreuzband verhindert eine extreme Vorwärtsbewegung des Schienbeins gegenüber dem Oberschenkelknochen und sorgt für ein stabiles Kniegelenk.

Obwohl viele Menschen davon ausgehen, dass ein Kreuzbandriss durch einen Unfall (z. B. unerwartete Sprünge, Drehbewegungen oder Stürze) verursacht wird, gibt es andere Ursachen, die häufiger zu einem Kreuzbandriss führen. Ein Kreuzbandriss entsteht in der Regel durch eine permanente Kraft, die während der normalen Bewegung am vorderen Kreuzband zieht. Im Laufe der Zeit kommt es zu kleinen Teilrissen des Kreuzbandes, bis es schließlich vollständig reißt. Im Idealfall bemerkt der Hundebesitzer eine akute Lahmheit seines Hundes. In solchen Fällen ist auf den Röntgenbildern bereits eine Arthrose zu erkennen, was darauf hindeutet, dass sich der Hund schon längere Zeit mit den Teilrissen fortbewegt hat.

Die Ursachen für einen Kreuzbandriss können genetisch oder rassespezifisch sein. Hunderassen wie Rottweiler, Labrador Retriever, Deutscher Schäferhund, Neufundländer und Staffordshire Terrier sind aufgrund anatomischer Besonderheiten häufiger von Kreuzbandrissen betroffen. Ein weiterer Faktor ist Übergewicht. Ein übergewichtiger Hund belastet seine Gelenke zusätzlich, wodurch das Kreuzband überbeansprucht wird. Auch ein Ungleichgewicht der Kniegelenksmuskulatur kann zu einem Kreuzbandriss führen. Nach Operationen ist daher ein entsprechender Muskelaufbau in Begleitung eines Tierphysiotherapeuten notwendig, um erneute Verletzungen zu vermeiden.

Anzeichen für einen Kreuzbandriss sind Schwierigkeiten beim Anlaufen, eine seitliche Sitzposition oder abwechselnde Lahm- und Belastungsphasen. Der Hund humpelt und berührt den Boden manchmal nur mit der Fußspitze. Die Diagnose beim Tierarzt erfolgt durch einen Test (sogenannter „Schubladen- und Tibiakompressionstest"), bei dem der Tierarzt den Unterschenkel nach vorne schiebt. Ein Röntgenbild kann mehr Klarheit bringen und wird in der Regel zur Planung einer Operation gemacht. Eine Röntgenaufnahme ist für die Diagnose einer Kreuzbandruptur ausreichend, weitere Untersuchungen (z. B. CT, MRT) sind nicht erforderlich.

Osteochondrose (OCD)

Die Osteochondrose ist eine Erkrankung, die im Bereich der Ellenbogen-, Schulter-, Knie- und Sprunggelenke vorkommen kann. Es sind vorrangig große Hunderassen unter 1,5 Jahren von OCD betroffen. Aufgrund einer Knorpelwachstumsstörung verdicken sich die Knorpel, sodass es zu einer Ablösung von Knorpelfragmenten kommt. Die Ursachen lassen sich auf rassebedingte Veranlagung, Überlastung der Gelenke, Verletzungen und falsche Ernährung im Welpenalter zurückführen. Zwischen dem 6. und 8. Lebensmonat zeigt der Junghund Lahmheit und Steifheit im Bewegungsablauf. Die Diagnose OCD kann beidseitig gestellt werden. Da Lahmheit ein Symptom fast aller Gelenkerkrankungen sein kann, benötigt die Diagnose von OCD eine sorgfältige Untersuchung unter Berücksichtigung vieler Faktoren wie Rasse, Alter, Röntgenbilder, Bedingungen während der Wachstumsphase und eine gründliche Untersuchung der Lahmheit. Leichte Krankheitsverläufe können mithilfe einer Ruhigstellung von 2 bis 3 Monaten und einer Ernährungsumstellung behandelt werden. Nach dem Leinenzwang sollte die Beweglichkeit durch Physiotherapie wiederhergestellt werden. Bei fortgeschrittener Erkrankung werden abgelöste Knorpel- und Knochenteile operativ entfernt. Wenn die Diagnose früh gestellt wurde, bestehen gute Chancen auf eine Heilung. Ab dem 10. bis 16. Lebensmonat entsteht eine schwerwiegende Arthrose, die durch eine Behandlung nicht mehr veränderbar ist.

Patellaluxation

Die Patellaluxation ist eine Erkrankung, die häufig bei kleinen Hunden (z. B. Malteser, Chihuahua, Jack Russell Terrier, Mops, Französische Bulldogge) aufgrund von Fehlbildungen auftritt. Bei der Patellaluxation springt die Kniescheibe (Patella) aus ihrer ursprünglichen Position in der Patellarinne. Dabei kann die Kniescheibe nach innen (medial) oder nach außen (lateral) rutschen. Die Patellaluxation ist in der Regel eine angeborene Erkrankung, die genetisch bedingt ist. Sie kann aber auch durch ein traumatisches Ereignis (z. B. einen Unfall) verursacht werden. Dabei kommt es zu einem Bruch der Kniescheibe oder zu einem Riss der Gelenkkapsel oder des Kreuzbandes. Ein weiterer Faktor für die Entstehung einer Patellaluxation ist Mangelernährung oder Übergewicht in den ersten Lebensmonaten des Hundes.

Die Patellaluxation kann an beiden Hintergliedmaßen auftreten und macht sich durch ein verändertes Gangbild bemerkbar. Dazu gehört eine Schonhaltung des betroffenen Beines und bei fortgeschrittenem Schweregrad eine Lahmheit. Hunde mit einer Patellaluxation winkeln das Bein an und laufen für einige Schritte nur auf drei Beinen. Eine unbehandelte Patellaluxation kann zu Schmerzen, Lahmheit und Arthrose führen. Die Diagnose beim Tierarzt erfolgt, indem das Hüft- und Kniegelenk so gestreckt wird, dass die Kniescheibe herausspringt.

Durch diesen Test kann der Tierarzt den Grad der Patellaluxation feststellen. Eine Röntgenaufnahme wird in der Regel erst dann angefertigt, wenn die Entscheidung für eine Operation gefallen ist.

Die Schweregrade der Patellaluxation
Grad I: Die Patella befindet sich in ihrer ursprünglichen Position. Die Kniescheibe springt nur selten heraus. Sie kann durch eine manuelle Einwirkung aus der Kniescheibenrinne geschoben werden, springt dann aber von selbst wieder in ihre Position zurück.

Grad II: Die Kniescheibe springt für einige Sekunden aus der Führungsrinne und der Hund läuft auf drei Beinen. Die Kniescheibe kann nur durch eine äußerliche Einwirkung wieder zurück in ihre Position verlagert werden.

Grad III: Die Kniescheibe befindet sich außerhalb der Führungsrinne und kann durch eine äußerliche Einwirkung wieder in ihre ursprüngliche Position bewegt werden. Beim Laufen springt die Kniescheibe schnell wieder in ihre Position.

Grad IV: Die Kniescheibe befindet sich dauerhaft außerhalb der Kniescheibenrinne und kann nicht mehr in ihre ursprüngliche Position zurückgebracht werden.

Die richtige Behandlung der Patellaluxation ist teilweise umstritten, da eine Operation nicht immer erfolgversprechend ist. Viele Tierärzte raten direkt zu einer Operation, obwohl eine Patellaluxation auch mit Physiotherapie und Muskelaufbau gut behandelt werden kann. Vor allem, wenn der Hund noch keinen hohen Schweregrad hat, kann eine Physiotherapie den Krankheitsverlauf verzögern oder sogar stoppen. Auch die Gabe von Nahrungsergänzungsmitteln (z. B. Grünlippmuschelpulver, Kollagenpulver) kann das Kniegelenk unterstützen. Sobald der Hund jedoch deutliche Schmerzen zeigt, mehrmals am Tag lahmt und eine regelmäßige Physiotherapie keine Besserung bringt, sollte eine Operation durchgeführt werden. Wenn Sie eine Veränderung des Gangbildes oder das Laufen auf drei Beinen bemerken, sollten Sie einen Tierarzt aufsuchen. Es ist zu empfehlen, mehrere Meinungen von Tierärzten und Hundephysiotherapeuten einzuholen.

Bei der Operation wird entweder die Kniescheibenrinne vertieft, der Ansatz des Kniescheibenbandes (Tuberositas tibiae) versetzt, die Gelenkkapsel gerafft oder eine Korrektur der Knochenachsen vorgenommen. Nach der Operation ist eine Ruhigstellung von bis zu 6 Wochen erforderlich und der regelmäßige Besuch einer Physiopraxis ist für den Erfolg der Operation entscheidend.

Viele Hunde können auch mit einer Patellaluxation ein langes Leben führen. Es gibt Hunde, die mit einem leichten Schweregrad sehr alt werden können. Es kommt immer auf den einzelnen Hund an. Mit Physiotherapie, Nahrungsergänzungsmitteln und Schmerzmitteln kann die Lebensqualität des Hundes verbessert werden.

Spondylose

Spondylose, auch als Wirbelsäulenverknöcherung bekannt, tritt häufig bei Rassen wie dem Dackel, Schäferhund oder Boxer auf. An stark belasteten Stellen der Wirbelsäule bilden sich aufgrund von Instabilität und Verschleiß schnabelförmige Zacken (Spondylophyten) an den Wirbelkörpern, um die Bandscheiben zu entlasten. Je nach Schweregrad können Spondylophyten auch die Nerven einklemmen und Schmerzen oder sogar Lähmungen verursachen.

Eine Spondylose kann aufgrund genetischer Bedingungen ausgelöst werden. Auch Überbelastung und eine Schonhaltung können Verschleißerscheinungen begünstigen, die zu einer Spondylose führen können. Nicht nur kranke, übergewichtige und alte Hunde sind davon betroffen, sondern auch Sporthunde.

Eine Spondylose ist nicht heilbar, jedoch können Physiotherapie und andere Maßnahmen Schübe, Symptome und Schmerzen lindern und den Verlauf der Krankheit verlangsamen.

Tipp:
Je früher eine Gelenkerkrankung behandelt wird, desto besser sind die Heilungschancen und die Vermeidung von Spätfolgen. Lassen Sie Ihren Hund regelmäßig vom Tierarzt auf Gelenkerkrankungen untersuchen.

Neurologische Erkrankungen und ihre Auswirkungen

Neurologische Erkrankungen betreffen das Nervensystem des Hundes. Dazu gehören das Gehirn, das Rückenmark und das periphere Nervensystem. Nervenerkrankungen können beim Hund schnell zum Tode führen und sollten unbedingt ernst genommen werden. In diesem Fall sollten Sie schnellstmöglich einen Tierarzt aufsuchen. Neurologische Erkrankungen zeigen sich meist in Kombination mit Krampfanfällen, Lähmungen, Gleichgewichts- und Wahrnehmungsstörungen sowie plötzlich auftretender Harn- oder Kotinkontinenz.

Die Ursachen von Nervenkrankheiten sind so vielfältig wie ihre Symptome. Die Feststellung der Ursache ist sehr schwierig und erfordert eine gründliche tierärztliche Untersuchung. Einige Hunderassen können aufgrund genetischer Bedingungen neurologische Erkrankungen wie Epilepsie entwickeln. Auch Verletzungen am Kopf oder Rücken können Nervenerkrankungen auslösen. Ältere Hunde sind anfälliger für Krankheiten wie Demenz. Auch Infektionen (z. B.

Tollwut oder FSME) können zu Nervenerkrankungen führen. Diese enden leider oft tödlich, da sie das Nervensystem sehr schnell angreifen.

Ein Schädel-Hirn-Trauma kann durch einen Unfall verursacht werden und führt zu zahlreichen Funktionsstörungen des Gehirns. Der Hund verhält sich desorientiert, erbricht sich, leidet unter Krämpfen und zeigt Schwierigkeiten beim Gehen. Der Hund wird medizinisch versorgt und kann durch Physiotherapie rehabilitiert werden.

Der Bandscheibenvorfall ist eine der häufigsten neurologischen Erkrankungen beim Hund. Durch ein traumatisches Ereignis drückt die Bandscheibe auf das Rückenmark und es kommt zu Lähmungserscheinungen, Koordinationsstörungen und Schmerzen.

Epilepsie ist eine Nervenkrankheit, die durch unkontrollierte Krampfanfälle gekennzeichnet ist. Dabei kommt es zu einer plötzlichen elektrischen Entladung im Gehirn. Epilepsie kann mit speziellen Medikamenten und regelmäßiger Überwachung des Hundes behandelt werden. Es ist wichtig, während eines Anfalls ruhig zu bleiben und den Hund nicht zu stören.

Physiotherapie-Übungen und -Techniken

Der Einsatz von Therapiegeräten und -instrumenten

Die Therapie kann aktiv mit Fitness- und Bewegungsübungen oder passiv mit therapeutischen Geräten und Instrumenten erfolgen. Bei der aktiven Physiotherapie arbeitet der Hund durch aktive Bewegungen mit, um z. B. Muskeln oder Koordination aufzubauen. Passive Therapieformen sind z. B. Massagen, Lasern, Akupunktur, Wärme- und Kältebehandlungen und der Einsatz von Elektroden.

Unterwasserlaufband

Das Unterwasserlaufband eignet sich besonders zum Muskelaufbau nach Operationen oder bei chronischen Gelenkproblemen. Dabei handelt es sich um ein mit Wasser gefülltes Becken, in dem sich der Hund auf einem Laufband bewegt. Durch den Wasserwiderstand werden die Muskeln trainiert und die Gelenke werden aufgrund des Wasserauftriebs geschont. Für ältere Hunde, die beispielsweise an Arthrose leiden, ist die Wassertherapie eine schonende Trainingsmöglichkeit. Aufgrund des Wasserauftriebs wird das Gewicht des Hundes auf dem Unterwasserlaufband gesenkt, so dass übergewichtige Hunde mehr Spaß an der Bewegung haben, da sie nicht so schnell erschöpfen wie bei Fitnessübungen oder Ausdauertraining. Der Aufenthalt und das Training auf dem Unterwasserlaufband wird von einer Tierphysiotherapeutin beaufsichtigt und begleitet, um es an den Trainings- und Gesundheitszustand des Hundes anzupassen. So wird eine Überlastung der Muskulatur vermieden.

Massagen

Aufgrund mangelnder Bewegung verklebt das Bindegewebe und es kommt zu Muskelverspannungen. Ein Hund, der aufgrund von Verletzungen, Gelenkerkrankungen oder Operationen in seiner Bewegung eingeschränkt ist, leidet meist unter Blockaden und Verspannungen. Wenn dagegen nichts unternommen wird, bewegt sich der Hund aufgrund der Schmerzen immer weniger und ein Teufelskreis entsteht. Eine Bewegungstherapie und Muskelaufbau können diesen Teufelskreis durchbrechen. Neben dem Training kann der Physiotherapeut durch Massagen Abhilfe verschaffen, indem er die betroffenen Körperbereiche mit leichtem Druck massiert und die Durchblutung aktiviert. Sobald die ersten Annäherungsprobleme überwunden sind, kann ein Hund die Massage eines Physiotherapeuten in vollen Zügen genießen und es setzt eine Erleichterung ein.

Tipp: Massageball

Mit einem kleinen Igelball können Sie Ihren Hund sanft massieren. Diese Massagebälle gibt es in verschiedenen Größen und kosten nur zwischen 3 € und 5 €. Für den Anfang eignet sich ein kleiner Ball. Rollen Sie den Ball in kreisenden Bewegungen über den Körper des Hundes. So fördern Sie die Durchblutung und lockern Faszien und Muskulatur. Der Igelball eignet sich besonders gut für ängstliche Hunde, die sich sonst nicht gerne anfassen lassen.

Idealerweise liegt Ihr Hund bei einer Massage entspannt auf der Seite. Es ist aber nicht schlimm, wenn er sitzt oder steht. Wenn Sie selbst gestresst sind, kann sich Ihr Hund auch nicht gut entspannen. Schaffen Sie eine Atmosphäre, in der sich Ihr Hund wohl fühlt. Legen Sie seine Lieblingskuscheldecke bereit, machen Sie eine Kerze und entspannte Musik an. Nehmen Sie sich ca. 5 bis 10 Minuten Zeit für die Massage.

Beachten Sie, dass Sie nur die Muskeln des Hundes massieren. Führen Sie die Massage mit sanften Streichbewegungen aus. Sie sollten niemals die Knochen und die Wirbelsäule beim Massieren berühren. Halten Sie immer eine Hand am Hund, damit die nächste Berührung den Hund nicht erschrickt. Wenn der Hund die Situation verlassen möchte, sollten Sie ihn nicht zu einer Massage zwingen.

1. Fangen Sie am Kopf an und streicheln Sie Ihren Hund in Fellrichtung mit der Handunterfläche sanft über den Nacken und Rücken bis zu den Beinen und Pfoten. Eine Hand führt die Streichungen aus, die andere Hand gibt dem Hund gegebenenfalls Halt. Diesen Vorgang können Sie mehrmals wiederholen.

2. Legen Sie den Zeigefinger und Daumen links und rechts neben die Wirbelsäule. Streichen Sie nun in beide Richtungen die Muskulatur aus. Fangen Sie am vorderen Bereich des Rückens an und arbeiten Sie sich langsam vor. Ihre Finger sollten die Wirbelsäule nicht berühren!

3. Legen Sie Ihre Hand auf die Halsmuskulatur. Streichen Sie nun über das Schulterblatt bis zu der Vorderpfote. Diese Massage können Sie auch bei den Hinterbeinen durchführen.

Lasertherapie

Seit den 60er Jahren ist bekannt, dass die Anwendung von Laserstrahlen eine positive Wirkung auf die Körperzellen hat. Heute wird die Lasertherapie als sichere und wirksame Therapieform zur Behandlung des Bewegungsapparates eingesetzt. Wenn Ihr Hund an Muskel- oder Gewebeverletzungen leidet, kann die Lasertherapie ihm helfen, seine Schmerzen zu lindern. Laserstrahlen sind gebündelte Lichtstrahlen. Wenn der Tierphysiotherapeut das Gerät auf die Haut des Hundes hält, dringen die Laserstrahlen bis in die Tiefe des Gewebes vor. Endorphine werden freigesetzt, wodurch die Durchblutung angeregt und Heilungsprozesse beschleunigt werden. Laserstrahlen wirken schmerzlindernd, entzündungshemmend und sind eine Alternative für Hunde, die Schmerzmedikamente nicht gut vertragen. Die Behandlung dauert in der Regel 5 bis 30 Minuten und sollte mehrmals stattfinden, damit sich der Zustand des Hundes verbessert. Empfohlen wird ein Zeitraum von 2 bis 3 Wochen mit 2 bis 3 Anwendungen pro Woche. Danach können Sie die Anwendungen langsam verringern.

Erstverschlimmerung

Möchten Sie Ihrem Hund etwas Gutes tun und ihm eine Behandlung in einer Tierphysiopraxis gönnen? Doch nach der Behandlung verhält sich der Hund nicht so befreit, wie Sie es vielleicht erwartet haben? Nach den ersten Physiobehandlungen kann bei dem Hund eine Erstverschlimmerung der Symptome eintreten. Dies ist vor allem der Fall, wenn der Hund für einen längeren Zeitraum in seiner Bewegung eingeschränkt war und zum ersten Mal Fitnessübungen durchführt oder eine Massage bekommt. Sie sollten Ihren Hund 1 bis 3 Tage nach der Behandlung schonen und keine langen Spaziergänge unternehmen. Wenn das auffällige Verhalten jedoch über diesen Zeitraum hinaus anhält, handelt es sich nicht um eine Erstverschlimmerung und Sie sollten dies mit der Tierphysiopraxis abklären.

Akupunktur

Vielleicht haben Sie schon einmal von Akupunktur in der Humanmedizin gehört. Sie stammt aus der Traditionellen Chinesischen Medizin.

> **Definition: Traditionelle Chinesische Medizin (TCM)**
> Die Traditionelle Chinesische Medizin ist eine vor über 2000 Jahren in China entstandene Heilkunde, die den ganzen Körper und seine Lebensenergie in die Behandlung einbezieht. Gesundheitliche Probleme werden behandelt, indem der energetische Fluss und das Gleichgewicht im Körper wiederhergestellt werden. Wichtige Methoden der TCM sind Akupunktur, Kräuterheilkunde, Massagen sowie die Ernährungslehre und meditative Übungen.

Inzwischen hat die Akupunktur auch bei Hunden Einzug in die Tierphysiotherapie gefunden. Bei der Akupunktur werden dem Hund dünne Nadeln in schmerzhafte Körperstellen gesteckt. Für die meisten Hunde ist das Setzen der Nadeln kein Problem, da sie den Einstich kaum spüren und die Akupunktur nach einiger Zeit eine entspannende Wirkung auf den Hund haben kann. Alternativ können auch Akupunkturlaser eingesetzt werden. Die Durchblutung wird gesteigert und die Nadeln lösen Reize aus, die das vegetative Nervensystem stimulieren. Akupunktur wird häufig ergänzend zu physiotherapeutischen Behandlungen angewendet. Sie ersetzt kein gezieltes Bewegungstraining. Eine Akupunktursitzung dauert in der Regel 20 Minuten und sollte alle 2 bis 3 Wochen stattfinden. Der Hundephysiotherapeut sollte die Anatomie des Hundes gut kennen, um Verletzungen zu vermeiden und die Behandlung an den richtigen Stellen durchzuführen.

Thermotherapie

Wärme fördert die Heilung und entspannt die Muskeln. Das gilt auch für Hunde. In der Tierphysiotherapie schaltet der Therapeut beispielsweise eine Infrarotlampe während der Behandlung ein, um die Durchblutung und die Temperatur zu erhöhen. Dadurch öffnen sich die Blutgefäße und es werden schmerzauslösende Stoffe schneller abtransportiert. Das wirkt besonders schmerzlindernd. Wärme hilft auch, die Muskulatur bei Verschleißerkrankungen, Faszienverklebungen und Verspannungen zu lockern. Die Wärmetherapie eignet sich auch für die Behandlung von Spondylose, Hüftdysplasie oder Arthrose. Sie sollten Wärme nicht bei akuten Entzündungen, Hämatomen und Blutungen anwenden. Die Infrarotlichtlampe sollten Sie ca. 30 bis 40 cm für 15 bis 30 Minuten vor dem Hund aufstellen. In ein Handtuch eingewickelte Wärmekompressen eignen sich besonders für die Anwendung auf Körperbereichen, die Ihrem Hund Schmerzen bereiten. So können Sie die Behandlung direkt an dem Schmerzpunkt durchführen. Alternativ können Sie ein Körner- oder Kirschkernkissen anwenden. Es ist wichtig, dass es nicht zu

Verbrennungen kommt. Geben Sie dem Hund immer die Möglichkeit, die Situation zu verlassen, und lassen Sie die Wärmekompresse oder das Körnerkissen vor der Behandlung ein wenig abkühlen.

Kälte sollten Sie nur bei Entzündungen oder akuten Schmerzen (z. B. Verstauchungen, Prellungen, schlaffe Lähmungen) anwenden. Zur Behandlung neurologischer Krankheiten ist Kältetherapie auch zu empfehlen, da es die Nerven stimuliert. Die Nervenleitgeschwindigkeit und -erregbarkeit wird verlangsamt und die Muskelspannung wird verstärkt.

Tipp: Die heiße Rolle

Bei der Anwendung von feuchter Wärme ist die Wirkung der Wärmetherapie noch höher als bei der trockenen Behandlung. Durch die Feuchtigkeit hält die Wärme länger an und dringt besonders gut in das Gewebe ein. Wenn Ihr Hund Rückenschmerzen hat, können Sie ihn mit einer heißen Rolle massieren. In der kalten Jahreszeit ist dies eine gute Möglichkeit, Ihrem Hund Linderung zu verschaffen. Sie brauchen dafür nur ein dickes Handtuch und heißes Wasser.

Ablauf:

- Nehmen Sie ein Handtuch und heißes Wasser.
- Legen Sie das Handtuch auf den Boden und halbieren Sie es der Länge nach in der Mitte. Rollen Sie es fest zu einem Trichter zusammen.
- Gießen Sie das heiße Wasser in den Handtuchtrichter hinein, bis die äußere Schicht zur Hälfte nass wird. Der Trichter sollte sehr straff sein, damit keine Wärme verloren geht.
- Warten Sie ein paar Sekunden, damit sich die Rolle etwas abkühlt.
- Für die Massage sollte Ihr Hund im Platz oder auf der Seite liegen.
- Streichen Sie die heiße Rolle in Richtung des Fells über den Rücken und üben Sie leichten Druck aus.
- Alternativ können Sie die Massage in kreisenden Bewegungen durchführen oder die Rolle mit unterschiedlichem Druck in das Gewebe drücken.

Sobald die Wärme der ersten Schicht nachlässt, wickeln Sie das Handtuch ab und wiederholen die Massage, bis keine Schichten mehr übrig sind. Auf diese Weise können Sie während der Behandlung eine gleichbleibende Wärme sicherstellen.

Mittelfrequenz-Elektrotherapie (MET)

Alle natürlichen Prozesse im Körper werden durch Reize ausgelöst, so auch die Vorgänge in den Nerven- und Muskelzellen. Die Mittelfrequenz-Elektrotherapie nutzt die Spannung der Zellen und erregt die Muskelfasern durch elektrische Impulse, die der Physiotherapeut mit Elektroden auf die Haut des Hundes klebt. Dadurch werden natürliche Heilungsprozesse im Körper aktiviert. Die Elektroden erreichen nicht nur die oberflächlichen Muskeln im Bewegungsapparat, sie dringen auch in tiefe Gewebsschichten ein. Dadurch wird die Durchblutung erhöht und die Gewebsernährung wird verbessert. Durch die elektrischen Impulse werden die schmerzauslösenden Nerven blockiert. Obwohl bei dieser Behandlung Stromimpulse verwendet werden, nehmen Hunde die Elektrotherapie sehr gut an. Sie empfinden die Behandlung als sehr entspannend. Vor der Behandlung befeuchtet der Physiotherapeut die zu behandelnde Körperstelle mit Wasser. Daraufhin massiert er den Bereich mit Elektrodengel ein. Die Elektroden werden ebenfalls mit etwas Gel bedeckt, werden auf das Fell gelegt und mit dem Elektrotherapiegerät angeschlossen. Die Behandlung dauert in der Regel 10 bis 20 Minuten. Bei akuten Problemen sollte die Elektrotherapie täglich durchgeführt werden. Je nach chronischer Erkrankung empfiehlt es sich, 4 bis 16 Behandlungen zu machen.

Weitere Therapiegeräte

In der Physiotherapie werden häufig Geräte eingesetzt, um aktive Bewegungsübungen zu trainieren. Dazu gehören zum Beispiel verschiedene Formen von Balancekissen, das Wackelbrett, Cavaletti-Stangen und der Gymnastikball. Sie eignen sich gut zur Stärkung der Muskulatur und des Gleichgewichts. Mit diesen Trainingsgeräten können verschiedene Fitnessübungen durchgeführt werden. Sie dienen auch zur Erhöhung des Schwierigkeitsgrades bei bereits fortgeschrittenen Hunden.

Passive und aktive Bewegungsübungen

In der Physiotherapie werden passive und aktive Bewegungsübungen durchgeführt. Bei der aktiven Bewegungstherapie muss der Hund bewusste Bewegungen ausführen, um seine Muskulatur zu stärken und seine Koordination zu trainieren. In dem Kapitel „Muskeltraining für Ihren Hund" wurden bereits einige Muskeltrainingsübungen vorgestellt, die auch in der Physiotherapie zum Muskelaufbau und zur Rehabilitation eingesetzt werden.

Aus dem Kapitel „Muskeltraining für Ihren Hund“:

- bewusstes und gestrecktes Stehen
- Sitz-Steh-Übung und Platz-Steh-Übung
- Bergauf- und Bergab-Training
- isometrisches Training
- Elefantentrick
- Kriechen
- Gewichtsmanschetten
- Slalom durch die Beine
- Männchen
- Streckung der Hüfte
- Kopf zum Knie
- Kopf zur Pfote

Im Folgenden werden weitere Bewegungsübungen erläutert, die in der Physiotherapie häufig durchgeführt werden. Dazu gehört auch die passive Bewegungstherapie, die mithilfe von Wärme, Kälte, Massagen und speziellen Therapiegeräten erfolgt.

Aus dem Kapitel „Physiotherapie und Rehabilitation für Hunde“:

- Wärme- und Kältetherapie
- Massagen
- V-Übung
- Rückwärtslaufen
- Cavaletti-Training
- Vorderkörpertiefenstellung
- Sidewalk

Wärme- und Kältetherapie

Mit Wärme und Kälte können Sie Ihren Hund behandeln, ohne dass er sich aktiv bewegen muss. Legen Sie beispielsweise abends ein Kirschkernkissen auf den Rücken Ihres Hundes oder stellen Sie eine Infrarotlichtlampe auf. Auch eine heiße Rolle in Kombination mit einer Massage kann hilfreich sein.

Pfötchen geben und Pfoten anheben

„Pfötchen geben" ist eine gute Übung für Hunde, die Koordinationsprobleme haben und Muskulatur aufbauen müssen. Auch wenn der Trick für den Menschen unspektakulär aussieht, werden beim Hund viele Muskeln beansprucht und vor allem das Gleichgewicht wird gefördert. Außerdem können Sie den Schwierigkeitsgrad dieser Übung auf vielfältige Weise steigern.

- Die Übung können Sie im Sitz, Steh und Platz durchführen.
- Geben Sie das Pfötchen-Signal oder heben Sie sanft die Pfote des Hundes an.
- Halten Sie diese Position für 3 bis 5 Sekunden. Im Steh können Sie diesen Schritt mit allen vier Pfoten 3- bis 5-mal wiederholen. Achten Sie in der Steh-Position darauf, dass der Hund das Gleichgewicht verlieren könnte, wenn Sie eine Pfote anheben.

Schwierigkeitsgrad erhöhen:
Um den Schwierigkeitsgrad zu erhöhen, sollte Ihr Hund die Basisübung sicher ausführen können und eine gute Muskulatur haben. Sie können die Übung auch mit einem High Five durchführen. Dabei muss der Hund seine Pfote erhöhen. Steigern Sie die Dauer der Übung auf 15 bis 20 Sekunden pro Pfote. Sie können die Übung auch auf einem Balancekissen durchführen.

Achtung:
Passen Sie die in diesem Buch erklärten Übungen stets an den Trainingszustand des Hundes an. Nach Operationen oder bei Gelenkerkrankungen sollten Sie die Durchführung der Übungen mit einem Tierphysiotherapeuten abklären.

V-Übung

Diese Übung eignet sich gut, wenn Sie zum Beispiel keine Cavalletti-Stangen oder nicht ausreichend Platz für Koordinationsübungen haben. Die V-Übung aktiviert die Hinterhandmuskulatur und stärkt das Körpergefühl. Setzen Sie sich auf den Boden und positionieren Sie Ihre Beine in einer V-Stellung. Führen Sie Ihren Hund nun langsam über Ihre Beine, sodass er jede Pfote einzeln anhebt. Vermeiden Sie, dass Ihr Hund über Ihre Beine springt, da dies den Trainingseffekt beeinträchtigen kann.

Cavaletti-Training

Möchten Sie die Koordination und das Bewusstsein der Hinterläufe stärken? Cavaletti-Training ist eine gute Möglichkeit, das Gangbild des Hundes langfristig zu verbessern. Für das Cavaletti-Training brauchen Sie Hindernisse, die Ihr Hund im Schritt überqueren soll. Dafür können Sie beispielsweise Äste, Besenstiele oder Stangen verwenden. Es ist wichtig, dass Ihr Hund nicht über die Hindernisse springt. Der Fokus liegt auf dem Übersteigen der Hindernisse, so dass der Hund seine Beine einzeln und langsam anhebt.

Ablauf:

1. Legen Sie 4 bis 7 Hindernisse auf den Boden und passen Sie die Höhe an den Hund an.

2. Führen Sie Ihren Hund langsam über die Hindernisse. Sie können ihn mithilfe eines Leckerlis oder Ihrer Stimme motivieren.

3. Damit sich Ihr Hund auf die Hindernisse konzentriert, können Sie zu Beginn ein Leckerli zwischen die Stangen legen. So vermeiden Sie häufigen Blickkontakt und das schnelle Überqueren und Überspringen der Stangen. Wenn Sie das geübt haben, können Sie zwischen jedem 2. oder 3. Hindernis ein Leckerli auslegen, bis nur noch am Ende des Parcours ein Leckerli liegt.

4. Ziel ist es, dass der Hund im Schritt nach dem Hindernis jede Pfote nur einmal absetzt. Am Anfang ist es nicht schlimm, wenn Ihr Hund damit noch Schwierigkeiten hat. Verringern Sie nach und nach die Abstände zwischen den Hindernissen.

Schwierigkeitsgrad erhöhen:

Um den Schwierigkeitsgrad zu erhöhen, sollte Ihr Hund die Basisübung sicher ausführen können und eine gute Muskulatur haben. Sie können die Anzahl der Stangen erhöhen, die Abstände zwischen den Hindernissen variieren oder den Hund im Trab über die Hürden schicken. Führen Sie die Übung im Trab erst dann durch, wenn der Hund die Hindernisse im Schritt sicher und ohne zu springen überqueren kann. Der Abstand zwischen den Hindernissen soll im Trab der Schulterhöhe des Hundes entsprechen.

> **Tipp:**
> Wenn Ihr Hund dazu neigt, die Stangen schnell zu überqueren, können Sie ihn auch an der Leine über die Hindernisse führen.

Vorderkörpertiefenstellung / Verbeugung / Diener

Die Vorderkörpertiefstellung mobilisiert die Wirbelsäule und dehnt den Rücken des Hundes. Der Hund soll seinen Oberkörper beugen, so dass seine Hinterläufe und sein Gesäß gestreckt sind.

Ablauf:

1. Ihr Hund sollte sich in der Steh-Position befinden. Nehmen Sie ein Leckerli, halten Sie es vor die Nase Ihres Hundes und führen Sie dieses nach unten zwischen seine Vorderbeine.

2. Sobald sich die Vorderbeine des Hundes senken, belohnen Sie Ihren Hund und bringen ihn mithilfe des Leckerlis wieder in die Stehposition. So können Sie vermeiden, dass sich der Hund hinlegt. Wiederholen Sie diesen Schritt, bis der Hund das Verhalten zuverlässig zeigt.

3. Nun können Sie das Leckerli weglassen und den Hund mit der Handbewegung in die Position bringen. Fügen Sie ein Signal (z. B. „Diener") hinzu.

Schwierigkeitsgrad erhöhen: Um den Schwierigkeitsgrad zu erhöhen, sollte Ihr Hund die Basisübung sicher ausführen können und eine gute Muskulatur haben. Sie können mit Ihrem Hund üben, die Vorderkörpertiefenstellung für eine bestimmte Zeit zu halten. Falls er ins Platz fällt, können Sie ihn mithilfe einer Hand unter dem Bauch korrigieren. Wenn es jedoch regelmäßig vorkommt, sollten Sie wieder einen Schritt zurückgehen im Training. Des Weiteren können Sie die Übung auch auf Baumstämmen, dem Balancekissen oder anderen Untergründen üben.

Rückwärtslaufen

Das Rückwärtslaufen fördert die Körperwahrnehmung, führt zu einer besseren Orientierungsfähigkeit und stärkt den Muskelaufbau der Hinterbeine. Diese Übung eignet sich gut für Hunde mit Koordinationsschwierigkeiten und einem geringen Bewusstsein für die Hinterhand.

Variante 1:

1. Stellen Sie sich breitbeinig vor Ihren Hund. Nehmen Sie ein Leckerli und werfen Sie es einige Zentimeter durch Ihre Beine nach hinten. Richten Sie Ihren Oberkörper wieder auf, um gerade zu stehen.

2. Der Hund wird nun durch Ihre Beine zum Leckerli laufen. Danach wird er Sie wieder anschauen wollen, wodurch er rückwärtsläuft. Diese Bewegung belohnen Sie sofort.

3. Wenn Ihr Hund dieses Verhalten häufig und zuverlässig zeigt, können Sie ein Wortsignal (z. B. „Back") einführen.

Tipp:
Um sicherzustellen, dass Ihr Hund bei der Rückwärtsbewegung nicht schief läuft, können Sie die Übung an einer Begrenzung (z. B. einer Wand) durchführen.

Variante 2:

1. Führen Sie Ihren Hund in die Fuß-Position seitlich neben Ihrem Bein.
2. Halten Sie ein Leckerli neben Ihrem Hund nach hinten. Sobald der Hund versucht, sich nach hinten zu bewegen, belohnen Sie dieses Verhalten. Gehen Sie in kleinen Schritten vor. Auch wenn der Hund nur eine kurze Verlagerung nach hinten macht, belohnen Sie ihn. Sobald er den ersten Schritt nach hinten macht, bestätigen Sie Ihren Hund. Beim nächsten Mal sollten Sie warten, bis der Hund noch einen Schritt macht.
3. Führen Sie ein Wortsignal ein, sobald der Hund einige Schritte nach hinten gehen kann. Nach der Festigung des Wortsignals können Sie das Leckerli weglassen.

Variante 3:

1. Gehen Sie einen Schritt auf Ihren Hund zu. Wenn er zurückweicht, belohnen Sie ihn.
2. Wiederholen Sie diesen Vorgang mehrmals, bis der Hund einige Schritte nach hinten gehen kann.
3. Führen Sie ein Wortsignal ein. Achten Sie darauf, dass Sie nicht jedes Mal mit Ihrem Körper auf den Hund zugehen, damit er lernt, auch ohne Ihre Körpersprache auf das Signal zu hören.

Achtung:
Führen Sie diese Variante nicht mit ängstlichen Hunden durch und belohnen Sie Ihren Hund jedes Mal, wenn er einen Schritt zurückgeht. Andernfalls kann Ihre Körpersprache bedrohlich wirken und negative Assoziationen mit dem Training auslösen.

Schwierigkeitsgrad erhöhen:
Um den Schwierigkeitsgrad zu erhöhen, sollte Ihr Hund die Basisübung sicher ausführen können und eine gute Muskulatur haben. Bauen Sie ein Hindernis ein, das Ihr Hund mit seinen Hinterpfoten beim Rückwärtsgehen überqueren muss. Dies kann beispielsweise eine Cavalettistange, ein Besenstiel oder ein Stock sein. Es reicht vollkommen aus, wenn Sie das Hindernis ohne eine Erhöhung auf den Boden legen. Achten Sie darauf, dass Ihr Hund mit jeder Pfote einzeln das Hindernis überquert. Vermeiden Sie Sprünge und bestätigen Sie

das bewusste Anheben der Hintergliedmaßen. Eine weitere Möglichkeit zur Erhöhung des Schwierigkeitsgrades ist das Hinzufügen eines Balancekissens, auf das Ihr Hund beim Rückwärtsgehen seine Hinterpfoten stellen kann.

Sidewalk

Sitz-Steh-Übungen gehören zu den beliebtesten Fitnessübungen zum Muskelaufbau. Sie können diese Übung auch mit einem Podest durchführen, so dass der Hund mit den Vorderpfoten auf einer Erhöhung steht. Sie können diese Übung auch einfach in den Spaziergang integrieren, indem Sie einen Baumstamm oder eine Bordsteinkante als Erhöhung verwenden. Der Sidewalk ist eine spannende Abwechslung, die Sie mit dem erhöhten Stehen kombinieren können.

Die Übung kann auf einer erhöhten Bordsteinkante, einer rutschfesten Treppenstufe, einem Baumstamm oder einer Parkbank durchgeführt werden. Wichtig ist, dass die Erhöhung lang genug ist, damit der Hund einige Schritte machen kann. Diese Übung fördert vor allem die Hinterhand und die Koordination des Hundes.

Ablauf:

1. Der Hund steht mit den Vorderpfoten auf einer Erhöhung. Die Hinterbeine und der Rücken sind gestreckt. Stellen Sie sich hinter oder vor Ihren Hund, je nachdem, wie es für Sie und Ihren Hund am besten ist.
2. Nehmen Sie nun ein Leckerli und führen Sie Ihren Hund langsam nach links oder rechts, so dass sich seine Hinterbeine bewegen.
3. Alternativ können Sie auch das Touch-Signal verwenden.

Schwierigkeitsgrad erhöhen:

Um den Schwierigkeitsgrad zu erhöhen, sollte Ihr Hund die Basisübung sicher ausführen können und eine gute Muskulatur haben. Je höher der Vorderkörper, desto anspruchsvoller ist die Übung. Fangen Sie mit einem niedrigen Bordstein an und steigern Sie langsam die Höhe. Passen Sie die Wahl der Erhöhung auf die Größe Ihres Hundes an.

Langfristige Gesundheitspflege und Prävention

Für Hunde mit chronischen Gelenkerkrankungen ist eine kontinuierliche Pflege und Erhaltung der Beweglichkeit von großer Bedeutung. Auch bei gesunden Hunden ist eine regelmäßige Kontrolle des Bewegungsapparates und der körperlichen Fitness ein wichtiger Faktor für die Lebensqualität und die Früherkennung von Schmerzen und Erkrankungen.

Schmerzen schränken den Hund in seiner Bewegungsfreiheit ein. Der Hund wird reizbarer, hat keine Lust mehr auf Spaziergänge und zeigt schneller Verhaltensauffälligkeiten. Physiotherapie ist ein wichtiger Bestandteil der Schmerzlinderung und Wiederherstellung der Beweglichkeit. Es ist eine Tatsache, dass Hunde mit einer guten Muskulatur ein geringeres Risiko für Verletzungen und Rückfälle haben. Physiotherapie kann helfen, die Muskulatur des Hundes aufzubauen und langfristig zu erhalten.

Es ist leider nicht ausreichend, den Hund ein paar Male zur Physiotherapie zu bringen, um eine vollständige Genesung zu erzielen. Für ein gesundes und aktives Leben muss ein Hund regelmäßig bewegt und fit gehalten werden. Dies sollte unbedingt auch außerhalb der Physiotherapiestunden stattfinden und weitergeführt werden. Die Diagnose einer Gelenkerkrankung bedeutet in den meisten Fällen auch eine lebenslange Behandlung.

Für den Erhalt der Mobilität ist regelmäßige Bewegung wichtig. Dazu gehören tägliche Spaziergänge, Hundefitnessübungen und die Integration von Physioübungen in den Alltag des Hundes. Diese sollten stets an die individuellen Bedürfnisse des Hundes angepasst werden.

Eine angemessene Ernährung, die ausgewogen und bedarfsgerecht ist, kann den Bewegungsapparat und den allgemeinen Gesundheitszustand des Hundes langfristig verbessern. Nahrungsergänzungsmittel, welche den Gelenken spezielle Inhaltsstoffe (z. B. Glucosamin, MSM, Omega-3-Fettsäuren) zuführen, können die Gelenkgesundheit unterstützen. Sie sollten auch das Gewicht Ihres Hundes regelmäßig kontrollieren. Ein übergewichtiger Hund neigt zu einer Überbelastung der Gelenke, was zu Rückfällen und Schmerzen führen kann.

Hunde mit Gelenkbeschwerden können auch langfristig von einem orthopädischen Hundebett profitieren. Sie sind dafür ausgelegt, die Gelenke zu entlasten. Letztendlich ist es wichtig, dass Sie Ihren Hund beobachten und Veränderungen im Verhalten oder im Gangbild erkennen. Eine frühzeitige Diagnose erhöht die Chance auf die Verhinderung eines schlimmen Krankheitsverlaufs, eine schnelle und erfolgversprechende Behandlung und ein schmerzfreies Leben.

Im Alltag bleibt oft keine Zeit für Physioübungen. Zudem können die Trainingsgeräte fehlen, die in der Physiopraxis zur Verfügung stehen. Es ist verständlich, dass die Übungen manchmal vernachlässigt werden. Im Alltagsstress kann dies schnell passieren. Dennoch ist es wichtig, sich bewusst zu machen, dass die Gesundheit des Hundes ein langes Leben ermöglicht.

Eine Physioeinheit muss nicht lange dauern. Es kann helfen, sich jeden Abend einen Wecker als Erinnerung zu stellen. Ein Training von fünf Minuten kann bereits viel bei Ihrem Hund bewirken. Die Physioübungen können Sie auch ganz einfach in den Spaziergang integrieren. Dies ist nicht nur gut für die Fitness Ihres Hundes, sondern bietet auch eine gute Auslastung und Beschäftigung.

Auf dem Spaziergang finden Sie in der Umgebung folgende Trainingsmöglichkeiten:

- Bordsteinkante als Sitz-Steh-Übung und Sidewalk
- Baumstamm als Sidewalk und Balanceübung
- Baumstumpf als Sitz-Steh-Übung und Elefantentrick
- Laternen und Poller als Dreh- und Slalomübungen
- Äste als Cavaletti-Training

Abends können Sie die Kuscheleinheiten auf dem Sofa nutzen, um eine Massage oder eine Wärmebehandlung durchzuführen. Wenn Sie beispielsweise ein Balancekissen griffbereit halten, fällt Ihnen auch die Durchführung der Physioübungen leichter. So haben Sie schnell Zugang zum Trainingsgerät und können eine Trainingseinheit durchführen.

Ernährung und Nahrungsergänzung für Hundefitness

Die Rolle der Ernährung bei der Hundefitness

Hunde, die täglich Leistungssport betreiben oder eine Arbeit ausführen, haben einen hohen Energiebedarf. Dazu gehören beispielsweise Jagd- und Rennhunde sowie Assistenz- und Polizeihunde. Solche Hunde benötigen ein speziell zusammengesetztes Futter, das sie mit ausreichend Proteinen, Kohlenhydraten und Energie versorgt. Wenn Sie mit Ihrem Hund regelmäßig oder täglich Leistungssportarten wie Agility oder Bikejöring ausüben, sollten Sie die Ernährung des Hundes entsprechend anpassen. Die Suche nach dem richtigen Futter für den Hund kann eine Herausforderung darstellen, insbesondere wenn er spezielle Anforderungen hat. Bedenken Sie, dass jede Sportart einen anderen Einfluss auf den Körper des Hundes hat. Die Intensivität der Sportart spielt auch eine wichtige Rolle. Wenn Sie zweimal in der Woche trainieren, brauchen Sie in der Regel kein Leistungsfutter. Eine falsche Ernährung kann zu Krankheiten und Mangelerscheinungen führen.

Eine Fehlernährung kann sich negativ auf den Körper des Hundes auswirken und seine Energie und Leistungsfähigkeit beeinträchtigen. Allergien und Hautprobleme können die Folge sein, wie zum Beispiel Futtermittel- oder Grasmilbenallergien. Die Haut des Hundes kann trocken und schuppig werden und das Fell kann seinen Glanz verlieren. Auch Verdauungsprobleme wie Blähungen, Verstopfungen oder Durchfall können auftreten. In der Wachstumsphase beeinflusst die Ernährung die Ausbildung des Bewegungsapparats. Eine falsche Ernährung kann zu Organ- und Zahnsteinproblemen führen sowie Niereninsuffizienz, Diabetes, Leberprobleme und Bauchspeicheldrüsenentzündungen verursachen. Die Ernährung hat auch Auswirkungen auf das Gewicht des Hundes. Sowohl Übergewicht als auch Untergewicht kann zu weiteren Problemen führen. Weitere Symptome einer falschen Ernährung sind Müdigkeit, Aggressivität und Reizbarkeit. Die Ernährung von Hunden sollte daher sorgfältig geplant und auf ihre Bedürfnisse abgestimmt sein.

Die Ernährung von Hunden hängt vom individuellen Bedarf und den gesundheitlichen Problemen ab. Eine Fehlversorgung kann gefährliche Folgen für den Hund haben. Daher sollten Sie nur in Absprache mit dem Tierarzt oder einer Ernährungsberatung Ihrem Hund Zusätze geben oder ein eigenes Futter zusammenstellen. Ein Überschuss an Proteinen und Kohlenhydraten sowie ein Nährstoffmangel können ebenfalls zu Krankheiten führen und die Gesundheit des Hundes negativ beeinflussen. Die richtige Ernährung ist ein komplexes Thema. Um sicherzugehen, dass Sie Ihren Sporthund ausgewogen ernähren, sollten Sie ihn von einem Tierarzt untersuchen lassen.

Die drei großen Energielieferanten: Kohlenhydrate, Fette und Proteine

Im Leistungssport muss bei der Ernährung zwischen Ausdauerleistungen und körperlichen Höchstleistungen unterschieden werden. Rennhunde, die beispielsweise für eine kurze Zeit hohe Leistungen erbringen (z. B. Agility), brauchen Kohlenhydrate. Kohlenhydrate haben den gleichen Energiegehalt wie Proteine und stellen schnell Energie zur Verfügung.

Kohlenhydrate

Kohlenhydrate bestehen aus Wasserstoff, Kohlenstoff und Sauerstoff. Sie sind aneinandergereihte Zuckermoleküle, die in Einfach-, Zweifach- und Mehrfachzucker unterteilt werden. Kohlenhydrate sind eine Nährstoffklasse, die Energie für den Körper bereitstellt. Bei der Verdauung von Kohlenhydraten werden die Zuckermoleküle in kleine Bausteine zerlegt und in Glukose umgewandelt. Glukose ist die Energiequelle des Körpers. Die drei wichtigsten Arten von Kohlenhydraten sind Zucker, Stärke und Ballaststoffe. Stärke kann von Hunden nicht verwertet werden, daher ist es wichtig, die Kochzeit der Kohlenhydrate zu verlängern (ca. 10 Minuten länger), um den Stärkegehalt zu reduzieren.

Kohlenhydrate sind für Hunde keine notwendige Energiequelle. Die Verträglichkeit von Kohlenhydraten hat sich jedoch mit der Domestikation des Hundes verändert. Während der Wolf ursprünglich kein Getreide fraß, kann der Hund heute Kartoffeln, Reis und Nudeln verwerten, diese dienen als gängige Kohlenhydratquelle. Kohlenhydrate sind auch in Gemüse, Obst und Hülsenfrüchten enthalten. Weizen und Getreide als Kohlenhydratlieferanten können bei manchen Hunden jedoch Unverträglichkeiten oder Allergien auslösen.

Fette liefern aufgrund der Umwandlungsprozesse länger Energie. Hunde, die über einen längeren Zeitraum Höchstleistungen erbringen müssen (z. B. Langstreckenläufer), können so von einer fett- und proteinreichen Ernährung profitieren. Im Gegensatz zu Kohlenhydraten und Proteinen liefern Fette doppelt so viel Energie. Daher stellt ein fettreiches Hundefutter entsprechend viel Energie zur Verfügung.

Fette
Fette sind neben den Kohlenhydraten auch wichtige Energielieferanten. Sie sind außerdem zuständig für die Aufnahme von fettlöslichen Vitaminen. Es gibt gesunde (ungesättigte), ungesunde (gesättigte) und mehrfach ungesättigte Fette. Gesunde Fette sind z. B. in Nüssen, Samen und pflanzlichen Ölen vorhanden und tragen zur Funktion der Zellen und des Nervensystems bei. Fleisch, Butter, Käse, Margarine und frittierte Lebensmittel enthalten ungesunde Fette. Ein hoher Anteil an ungesunden Fetten ist nicht gut für die körperliche Gesundheit. Für Hunde bieten sich Rindertalg, Lachsöl, Lebertran, Lein- und Olivenöl, Schweineschmalz sowie Hühner- und Rinderfett als Fettquellen an.

Die Energiegewinnung aus Proteinen ist ein langwieriger Prozess, der viel Energie und Sauerstoff erfordert. Die Körpertemperatur steigt an. Außerdem können die Leber und Nieren sehr stark belastet werden. Daher sollten Sporthunde eher auf eine fett- und kohlenhydratreiche Ernährung ausweichen. Dennoch sind Proteine vor allem in der Regenerationsphase wichtig, um die Muskelschäden reparieren zu können.

Proteine (Eiweiße)
Der Körper braucht Proteine für viele Funktionen, z. B. für die Erneuerung, den Aufbau und die Reparatur von Zellen und Geweben sowie für die Bildung von Enzymen und Hormonen. Daher sind sie besonders wichtig für den Muskelaufbau. Proteine bestehen aus Aminosäuren. Da Hunde bestimmte Aminosäuren (essentielle Aminosäuren) nicht selbst produzieren können, müssen sie über tierische Proteine (z. B. Fleisch, Innereien, Fisch, Eier, Milchprodukte) zugeführt werden.

Wenn das Futter des Hundes einen hohen Proteingehalt und einen niedrigen Fettgehalt aufweist, zieht der Körper die Energie aus den Proteinen. Dadurch werden Harnstoff und Ammoniak freigesetzt, die die Nieren übermäßig belasten. Ein hoher Kohlenhydratanteil führt zu einer Belastung der Bauchspeicheldrüse. Zu viel Fett ist schlecht für die Leber und die Bauchspeicheldrüse.

Gramm pro Kalorien für ausgewachsene und sportliche Hunde:

Bedarf	Gramm	Kalorien
Fett	33	1000
Kohlenhydrate	120	1000
Proteine	65	1000

Tipp:
Die Zuführung von Kohlenhydraten nach dem Wettbewerb oder nach sportlicher Anstrengung (bis zu 30 Minuten) kann der Regenerationsphase des Hundes helfen.

Bedarf an Nährstoffen und Kalorien

Nährstoffe können in Marko- und Mikronährstoffe unterteilt werden. Die Makronährstoffe versorgen den Hund mit Energie, während die Mikronährstoffe für bedeutende Körperfunktionen (z. B. Haut, Knochen, Muskulatur) verantwortlich sind. Proteine, Fette und Kohlenhydrate gehören zu den Makronährstoffen. Mikronährstoffe sind Vitamine und Mineralstoffe. Vitamine gehören zu den wichtigen Nährstoffen, die der Hund für das Immunsystem, sein Fell und seine Haut sowie für den Energiestoffwechsel braucht. Mineralstoffe werden in Mengen- und Spurenelemente unterteilt. Kalzium, Magnesium, Kalium, Chlor, Phosphor und Natrium sind Mengenelemente. Die Spurenelemente umfassen Kupfer, Zink, Eisen, Jod, Cobalt, Mangan und Selen. Zu den fettlöslichen Vitaminen zählen die Vitamine A, D, E und K. Die Vitamine B und C sind hingegen wasserlöslich.

Definition: wasserlöslich und fettlöslich
Wasserlösliche Vitamine können vom Körper nicht gespeichert werden und müssen daher regelmäßig mit der Nahrung zugeführt werden. Eine Überdosierung ist hier in den meisten Fällen unbedenklich. Im Gegensatz dazu können fettlösliche Vitamine im Körper gespeichert werden. Wenn der Hund zu viel davon hat, kann es zu einer Überdosierung kommen.

Definition: Mengen- und Spurenelemente
Mineralstoffe beeinflussen das Stoffwechselgleichgewicht (z. B. Proteine, Enzyme) des Hundes. Sie sind anorganische Stoffe. Das bedeutet, dass Mineralstoffe keinen Kohlenstoff enthalten. Mineralstoffe werden mit der Nahrung aufgenommen. Mengen- und Spurenelemente unterscheiden sich in ihrer Konzentration. Mengenelemente liegen in höherer Konzentration vor als Spurenelemente. Sobald sich die Konzentration ändert, hat dies einen großen Einfluss auf den Stoffwechsel des Hundes.

Die Ernährungspyramide für Hunde:

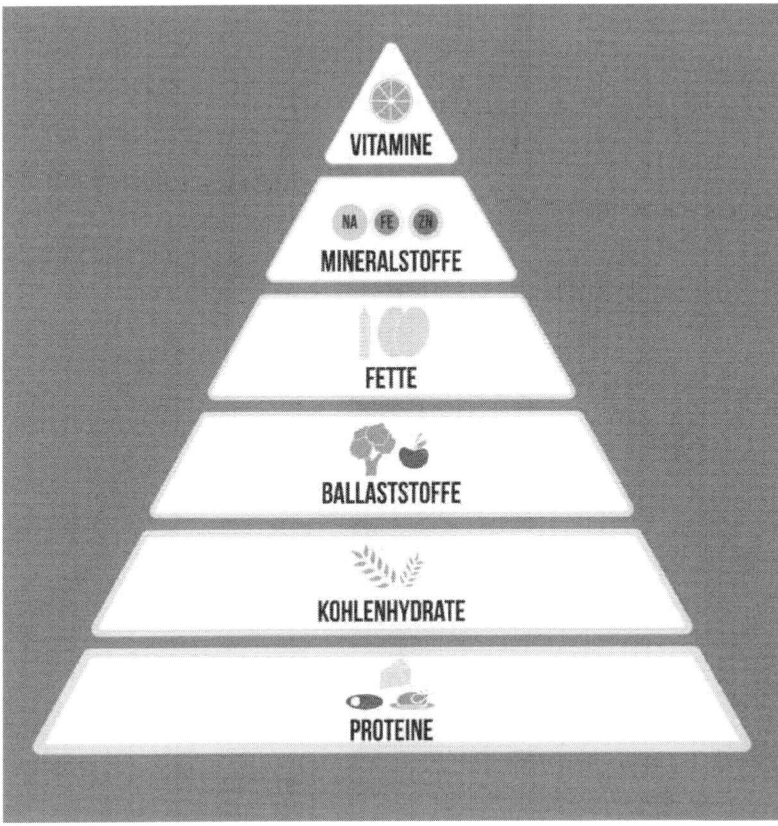

Ein ausgewachsener Hund benötigt täglich 56 bis 60 Kalorien pro Kilogramm Körpergewicht. Welpen benötigen in der Wachstumsphase etwa 100 bis 170 kcal. Dieser Richtwert kann je nach Rasse, Größe und Aktivität variieren. Aufgrund anatomischer Unterschiede haben nicht alle Arbeits- und Leistungshunde einen erhöhten Energiebedarf. Der Körper von Windhunden ist z. B. für das Laufen über lange Strecken ausgelegt und kann auch mit guter konventioneller Nahrung Höchstleistungen erbringen. Der Untergrund, die Steigerungen und die Wetterbedingungen spielen eine Rolle für den richtigen Kaloriengehalt. Bei niedrigen Temperaturen steigt der Kalorienbedarf, da die Körperwärme gegen die Kälte ankämpft und bei körperlicher Aktivität mehr Energie benötigt. Aktive Hunde brauchen mehr Kalorien, da sie beim Sport viele Kalorien verbrennen. Für Hunde, die Agility betreiben, wird eine Erhöhung der Kalorienzufuhr um maximal 25 % empfohlen. Wenn Sie mit Ihrem

Hund Sportarten wie Bikejöring betreiben, bei denen der Hund mittlere Distanzen zurücklegt, sollten Sie die Kalorienzufuhr um 25 bis 50 % erhöhen. Ab einer Distanz von 15 km benötigt der Hund eine Erhöhung um 100 %.

Kalorien

Kalorien sind eine Maßeinheit, die die Menge an Energie beschreibt, die in der Nahrung enthalten ist. Der Körper braucht Kalorien, um Funktionen wie die Atmung, den Herzschlag und sportliche Aktivitäten auszuführen. Da Kalorien eine der wichtigsten Energiequellen sind, sollte die Kalorienzufuhr für Sporthunde angepasst werden. Kalorien werden in kleine Kalorien (cal) und Kilokalorien (kcal) unterteilt. Kilokalorien setzen sich aus kleinen Kalorien zusammen. Eine Kilokalorie besteht aus 1000 kleinen Kalorien.

1 kcal= 1000 cal

Richtwerte für ausgewachsene Hunde

Größe	Kalorien pro Tag	Beispiele
Klein	40–200	Chihuahua
Mittel	200–800	Beagle
Groß	800–2000	Labrador

Beispiele für einen Energiemehrbedarf bei Sporthunden

Hund	Leistungen	Erhöhung des Erhaltungsbedarfs in x
Assistenzhund	2–4 h, 5–10 km	1,2
Jagdhund	5–8 h, 50–60 km	2,0
Hütehund	8–10 h, 60 km	2,3
Schlittenhund	1–2 h, 20–50 km	2,8

Geeignete Nahrungsmittel und Diäten

Sie können Ihren Hund auf verschiedene Weise füttern. Die richtige Fütterung hängt dabei von den individuellen Bedürfnissen und der Verträglichkeit des Hundes ab. Dies mag auf den ersten Blick überfordernd erscheinen. Da die Ernährung eine wichtige Rolle bei der Gesunderhaltung des Hundes spielt, machen sich viele Hundebesitzer Gedanken über die richtige Fütterung. Es gibt auch verschiedene Meinungen und Überzeugungen in Bezug auf die Ernährung, die auf den Hundehalter abschreckend wirken können.

Den Hund richtig zu ernähren ist notwendig, aber Sie sollten es nicht überstürzen und jede mögliche Fütterungsart innerhalb weniger Wochen ausprobieren. Nehmen Sie sich Zeit für eine ausführliche Ernährungsberatung. Ein ständiger Futterwechsel bringt den Organismus des Hundes durcheinander und hilft Ihnen nicht, das richtige Futter für Ihren Hund zu finden. Sie sollten auch verschiedene Meinungen einholen, damit Sie sich ein gutes Bild von Ihrem Hund und den verschiedenen Futtersorten machen können. In diesem Kapitel erfahren Sie, welche Vor- und Nachteile die verschiedenen Fütterungsarten haben, inwieweit eine Spezialdiät für Hunde sinnvoll ist und worauf Sie bei der Fütterung von Leckerlis und Snacks während des Trainings achten sollten.

Rohfutter (BARF) vs. kommerzielles Hundefutter

Die meisten Hunde bekommen kommerzielles Hundefutter in Form von Dosen- bzw. Nassfutter und Trockenfutter. Diese gibt es als Alleinfutter- oder Ergänzungsfuttermittel. Das Alleinfuttermittel ist ein Futter, das mit allen Nährstoffen abgedeckt ist, die der Hund braucht. Sie müssen dem Hund also kein anderes Futter außer das Alleinfuttermittel geben. Das Ergänzungsfuttermittel ist ein Futter, das den Bedarf des Hundes nicht vollständig abdeckt. Sie müssen dem Hund die fehlenden Nährstoffe zusätzlich zuführen. Trockenfutter wird noch einmal in extrudiertes Trockenfutter und kaltgepresstes Trockenfutter unterteilt. Kaltgepresstes Trockenfutter wird ohne Hitze hergestellt. Die Zutaten werden getrocknet, gemahlen und gepresst. Aufgrund dieser schonenden Verarbeitung bleiben die Nährstoffe erhalten und somit auch die Vitamine und Nährstoffe. Jedoch hat kaltgepresstes Trockenfutter eine geringere Haltbarkeit. Extrudiertes Trockenfutter wird vorher in einem Extruder auf 120 °C bis 200 °C erhitzt, wodurch viele Nährstoffe verloren gehen. Außerdem gibt es halbfeuchtes Hundefutter (Semi-Moist), welches durch einen schonenden Herstellungsprozess einen Feuchtigkeitsgehalt von bis zu 20 % aufweist. Die Futterkroketten sind weicher und saftiger als das herkömmliche Trockenfutter.

Merke:
Ein teures Hundefutter ist kein Garant für ein bedarfsdeckendes Futter, das Ihren Hund mit allen wichtigen Nährstoffen versorgt. Ein Alleinfuttermittel, das minderwertige Rohstoffe enthält und die Nährstoffe größtenteils als Zusatzstoffe zuführt, ist kein gutes Futter. Ebenso ist ein Alleinfutter, das hochwertige Rohstoffe verwendet und tendenziell teurer ist, aber nicht ausreichend Nährstoffe enthält, kein gutes Futter.

Einige Hundehalter entscheiden sich für eine rohe Ernährung. Diese Ernährungsweise ist auch unter dem Begriff BARF (Biologisch Artgerechtes Rohes Futter) bekannt und orientiert sich an der ursprünglichen Nahrungsaufnahme bei Wölfen. Fleisch, Fisch, Innereien, Obst und Gemüse werden dem Hund roh gegeben. Viele Hunde, die auf herkömmliches Futter allergisch reagieren, profitieren von dieser Fütterungsart. Für Sporthunde kann das Barfen auch eine Möglichkeit sein, den Bedarf an Nährstoffen und Energielieferanten individuell auf den Hund und seine Aktivitäten abzustimmen.

Eine ausgewogene Ernährung besteht nicht nur aus rohem Fleisch. Proteine, Wasser, Fette, Kohlenhydrate, Mineralien und Spurenelemente gehören auch dazu. Die Zusammensetzung einer Barf-Ration kann aus 70 % rohem Fleisch (Muskelfleisch, Innereien, Knochen), 30 % püriertem Gemüse, Salat und Obst bestehen. Dazu können noch Öle, Joghurt, Quark oder Hüttenkäse gegeben werden. Obwohl Barfen viele Vorteile mit sich bringt, kann es bei einer falschen Zusammensetzung des Futters zu einem Nährstoffmangel oder -überschuss kommen. Daher sollten Sie nur in Absprache mit einem Tierarzt oder einem Ernährungsexperten einen Ernährungsplan für das Barfen aufstellen.

Vorsicht! Folgende Lebensmittel gehören nicht in den Futternapf:

- rohes Schweinefleisch
- rohe Kartoffeln
- Geflügelknochen
- Trauben und Rosinen
- Zwiebeln
- Schokolade
- Kerne von Steinobst und Avocado

Eine weitere Variante ist das Kochen für den Hund. Hier werden, wie beim Barfen, natürliche Bestandteile verwendet. Das Fleisch wird jedoch vorher gekocht und nicht roh gegeben. Dies kann für Hunde eine gute Alternative sein, die rohes Fleisch nicht vertragen. Außerdem minimiert es das Risiko einer Infektion durch Keime in rohem Fleisch. Das Kochen nimmt allerdings im Gegensatz zum Barfen durch die Kochzeit der Rohstoffe noch mehr Zeit in Anspruch.

Darauf sollten Sie beim Kochen achten:

- Calcium-Bedarf abdecken (z. B. durch Fleischknochenmehl)
- Vitamin-B-Komplex abdecken (Kochwasser abkühlen lassen und mit verfüttern)
- Omega-3-Fettsäuren abdecken (z. B. durch Lachsöl)
- mindestens 15 % tierisches Fett
- Seealgenmehl und Dorschlebertran

Fütterungsart	Trockenfutter	Nassfutter	BARF
Vorteile	kostengünstig einfache Lagerung und platzsparender Transport lange Haltbarkeit energiehaltiger	optimale Wasserversorgung aufgrund des hohen Feuchtigkeitsanteils hohe Akzeptanz und Verdaulichkeit weniger künstliche Zusatzstoffe aufgrund des hohen Feuchtigkeitsanteils	keine Zusatzstoffe im Futter aufgrund eigener Zusammenstellung Herkunft der Ernährung bekannt individuelle Bedürfnisse des Hundes können in der Zusammenstellung genau angepasst und berücksichtigt werden
Nachteile	geringer Feuchtigkeitsanteil Wassermangel kann entstehen täuschende Angaben und Deklarationen der Zusammensetzung für manche Hunde schwerverdaulich und schlecht zu verwerten Konservierungsstoffe und Geschmacksverstärker	geringe Haltbarkeit (2–3 Tage im Kühlschrank) teurer als Trockenfutter platzeinnehmender Transport Nassfutter muss in großen Mengen gefüttert werden	Gefahr von Nährstoffmangel Gefahr von Infektionen (Bakterien, Viren, Parasiten) bei unzureichenden Hygienemaßnahmen und falscher Verfütterung zeitaufwendig erfordert viel Platz (Aufbewahrung im Gefrierfach)

Spezialdiäten für spezifische Fitnessziele

Das Futter von Leistungshunden und Hunden mit vorliegenden Erkrankungen sollte in Absprache mit einem Tierarzt zusammengestellt werden. Sie sollten eine Spezialdiät nie auf eigene Faust durchführen oder bestimmte Ernährungspläne aus dem Internet umsetzen. Diese können eine gute Inspiration sein, sollten aber vorher mit einem Fachkundler abgesprochen werden. Jeder Hund ist anders und hat spezifische Bedürfnisse, die Sie in der Ernährung berücksichtigen müssen. Das Erreichen gesetzter Fitnessziele kann durch eine richtige Ernährung erleichtert werden und sorgt für die nötige Unterstützung, die Ihr Hund im Training braucht.

Spezifische Fitnessziele brauchen eine spezifische Diät, die Sie nur mit einem Experten zusammen erstellen können. Eine Spezialdiät zum Abnehmen kann beispielsweise aus einem hochwertigen kalorien- und fettreduzierten Futter bestehen, das ausreichend Proteine, Vitamine und Mineralstoffe in der richtigen Menge enthält. Kalzium, Magnesium, Phosphor und Taurin können ebenfalls eine gute Ergänzung sein.

Snacks und Belohnungen im Rahmen der Ernährung

Im Hundesport und in der Hundefitness dürfen Belohnungen nicht fehlen. Beim Erlernen von neuen Tricks und dem Aufbau von Fitnessübungen bieten sich Leckerlis gut als Belohnung an. Gerade am Anfang brauchen Sie deshalb meist viele Leckerlis. Es ist wichtig, auch bei Snacks auf die Inhaltsstoffe und die Herstellung zu schauen. Industrielle Leckerlis sind häufig gefüllt mit tierischen Nebenerzeugnissen, Getreide und Zusatzstoffen (z. B. Zucker, künstliche Geschmacks- und Geruchsverstärker, Konservierungsmittel) und können schnell zu Übergewicht, Allergien und Krankheiten (z. B. Diabetes, Nieren- und Leberschäden, Herzprobleme) führen. Achten Sie darauf, dass bestimmte Zutaten nicht am Anfang der Deklarierung stehen, zum Beispiel:

- Weizenmehl, Weizenstärke, Reismehl, Mehl aus Nebenprodukten
- Soja
- Mais
- Braunreis
- Maisstärke und Kartoffelstärke
- Fleischnebenerzeugnisse und pflanzliche Nebenerzeugnisse
- Öle und Fette
- Glutamat, Kaliumchlorid, Kalziumchlorid, Adipinsäure und Natriumglutamat

Folgende Inhaltsstoffe sollten Sie vermeiden:

- Nitrate
- Butyliertes Hydroxyanisol (BHA)
- Butyliertes Hydroxytoluol (BHT)
- Ethoxyquin

Die Zutaten und das Herstellungsverfahren, wie zum Beispiel kaltgepresst, sollten auf dem Deklarierzettel offen beschrieben sein. Es ist wichtig, dass die Leckerlis natürliche Inhaltsstoffe haben, ohne künstliche Zusätze und ohne Getreide und Gluten, um eine gesunde Ernährung des Hundes zu gewährleisten. Die Proteinquelle (z. B. Lachs, Huhn, Insektenprotein) und die Kohlenhydratquelle (z. B. Reis, Obst und Gemüse) sollten deutlich gekennzeichnet sein.

Tipp:
In den letzten Jahren hat die Proteinquelle Insekt an Popularität gewonnen. Viele Hundebesitzer weichen auf Insektenfutter aus, da es viele gesundheitliche sowie ethische Vorteile bietet. Die Verwendung von Fleisch aus Massentierhaltungen kann so vermieden werden. Außerdem sind Insekten eine gute Nährstoffquelle, da sie Aminosäuren, Vitamine, Mineralstoffe und Spurenelemente enthalten und gut verdaulich sind.

Wenn Sie gesunde Leckerlis gefunden haben, sollten Sie dennoch darauf achten, dass diese nicht mehr als etwa 10 % der täglichen Kalorienzufuhr ausmachen. Eine übermäßige Kalorienzufuhr kann zu einer Gewichtszunahme führen. Für kleine Hunde können Sie die Leckerlis in kleine Happen schneiden, damit diese länger trainieren können. Leckerlis sollten nicht das Hauptnahrungsmittel des Hundes sein. Eine ausgewogene Mahlzeit ist für Sporthunde besonders wichtig. Achten Sie darauf, dass die Proteinzufuhr der Leckerlis und des täglichen Futters Ihres Hundes in einem angemessenen Verhältnis zueinander steht. Ein zu hoher Proteingehalt kann beispielsweise zu Nierenproblemen führen. Es gibt auch funktionale Leckerlis, die auf bestimmte Bedürfnisse ausgerichtet sind. Wenn Ihr Hund unter Gelenkproblemen leidet, können Sie Leckerlis verwenden, die auf diese Problematik ausgerichtet sind.

Tipp:
Sie müssen nicht zwingend Leckerlis als Belohnung verwenden. Viele Hunde sind auch mit gewöhnlichem Trockenfutter zufrieden. Es ist wichtig, die Tagesration entsprechend anzupassen. Gemüse wie Gurken sind auch gesunde Snacks für zwischendurch und eignen sich zum Trainieren.

NAHRUNGSERGÄNZUNGSMITTEL FÜR HUNDEFITNESS

Nahrungsergänzungsmittel sind Vitamine, Mineralstoffe und andere Substanzen, die dem Hund in einer erhöhten Konzentration verabreicht werden. Sie können einzeln oder in Kombination gegeben werden. In der Regel dauert es mehrere Monate, bis eine positive Wirkung im Körper entfaltet wird. Allgemein gilt, dass ein Hund mit einer ausgewogenen Ernährung keine weiteren Ergänzungsmittel in Form von Mineralstoffen und Vitaminen benötigt, solange keine anderweitigen Erkrankungen bekannt sind.

Antioxidantien

Im Körper kann aufgrund einer hohen Anzahl freier Radikale oxidativer Stress entstehen. Freie Radikale sind Moleküle, die während des Stoffwechselprozesses produziert werden und sehr reaktionsfreudig sind. Ihnen fehlt ein Elektron, weswegen sie eins von anderen Zellen holen. Dieser Vorgang wird auch Oxidation genannt. Ein Überschuss freier Radikale führt zu Zellschädigungen (oxidativer Stress).

Oxidativer Stress wird aufgrund folgender Bedingungen ausgelöst:

- ungesunde Ernährung
- intensive körperliche Aktivität, Leistungssport
- Alterungsprozesse
- Krankheiten und Entzündungen (Herz-Kreislauf- und rheumatische Erkrankungen)
- Umweltbelastungen und Schadstoffe
- Stress

Antioxidantien sind Vitalstoffe, die Ihr Hund in stressigen Situationen oder bei körperlicher Belastung braucht. Außerdem sind sie wichtig für das Immunsystem und die Muskulatur und können dem oxidativen Stress entgegenwirken.

Zu den Antioxidantien gehören:

- Vitamin E (Nüsse, Öle, Getreidekeime)
- Vitamin C (Hagebutte, Sanddorn, Petersilie)
- Vitamin B2
- Selen (Achtung: Eine Überdosierung ist giftig!)
- Zink

Gelenkgesundheitsergänzungen

Viele Hunde leiden unter Gelenkerkrankungen, wie z. B. Patellaluxation, Arthrose und Dysplasie. Neben einem gut aufgebauten Fitnessplan und Physiotherapie können Sie den Hund zusätzlich mithilfe von Nahrungsergänzungsmitteln unterstützen. Wenn Sie dem Hund regelmäßig über einen längeren Zeitraum oder mithilfe einer Kur die Ergänzungsmittel verabreichen, kann sich dies positiv auf seine Gelenkgesundheit auswirken. Sie können Entzündungen reduzieren und Knorpel stärken. Ergänzungsmittel gibt es als Tabletten, Kapseln, Pulver oder in flüssiger Form. Sie können entweder die Substanzen selbst mischen oder eine fertige Mischung kaufen, die bereits aus unterschiedlichen Zutaten zusammengesetzt ist. Achten Sie bei der Dosierung auf die Angaben des Herstellers.

Hyaluron

Hyaluron wirkt sich positiv auf den Gelenkstoffwechsel aus. Es ist ein natürlicher Bestandteil der Gelenkflüssigkeit und der Schmierfähigkeit bei der Gelenkbewegung. Hunden, die an Arthrose erkrankt sind, fehlt die Hyaluronsäure und es kommt zu einer starken Reibung der Gelenkflächen. Sie können dem Hund das Hyaluron mithilfe eines Präparats verabreichen. Es gibt auch eine Hyaluronsäuretherapie, bei der dem Hund die Säure direkt in das Gelenk gespritzt wird. Eine Anwendung von drei Monaten ist nötig, um Erfolge zu erzielen.

Chondroitin

Chondroitin wird im Körper zusammen mit Kollagen für das Knorpelgewebe gebildet. Sie schützen zusammen den Knorpel und verhindern die Entwicklung von Arthrose. Achten Sie beim Kauf von Chondroitin auf die Bioverfügbarkeit des Produkts, damit es vom Körper vollständig aufgenommen werden kann.

Glukosamin

Glukosamin und Chondroitin finden Sie häufig zusammen in einem Präparat, da beide Substanzen für die Knorpel und das Bindegewebe gebraucht werden. Es gibt drei Arten des Glukosamins: Glucosaminsulfat, N-Acetylglucosamin und Glucosamin HCL. Letzteres hat sich in der Anwendung besonders bewährt, da es eine hohe Bioverfügbarkeit hat.

Methylsulfonylmethan (MSM)

MSM ist eine organische Schwefelverbindung. Schwefel kann Entzündungen hemmen und ist für den Aufbau von Aminosäuren, Kollagen und Proteinen bedeutend. Nach 2 Monaten können Sie eine positive Wirkung beobachten.

Achtung!
Geben Sie MSM nicht in Kombination mit einem Spurenelement. Sie sollten beide Substanzen getrennt voneinander verabreichen, z. B. morgens und abends. MSM kann die Aufnahme der Spurenelemente beeinflussen. Eine Wartezeit von mindestens 2 Stunden ist ratsam.

Kollagen

Kollagen ist ein Struktur-Protein, was für den Bau und Halt der Gelenke, Knochen, Sehnen und Bänder verantwortlich ist. Es verbindet Zellen und sorgt für flexible Gewebe. Als Nahrungsergänzungsmittel kann es die Gelenkfunktion verbessern und die gesunden Gelenkknorpel unterstützen.

Tipp:
Eine Kombination aus Kollagen und Hagebutte kann die Aufnahme im Körper erleichtern. Das Verhältnis Kollagen zu Hagebutte sollte bei 2:1 liegen.

Grünlippmuscheln

Grünlippmuscheln bestehen aus Mineralstoffen, Aminosäuren, Omega-3-Fettsäuren, Vitaminen und Glykosaminoglycanen. Aufgrund dieser Zusammensetzung wirkt sich das Grünlippmuschelpulver positiv auf die Gelenkgesundheit aus. Die Verabreichung von Grünlippmuschelpulver kann als Kur (8 Wochen) erfolgen.

Ergänzungen für Energie und Ausdauer

Sportlich aktive Hunde erbringen regelmäßig körperliche Höchstleistungen. Diese Leistungen haben Auswirkungen auf den Körper und den Nährstoffbedarf des Hundes. Daher haben sie besondere Bedürfnisse, die neben einer auf den Hund abgestimmten Ernährung auch mit natürlichen Nährstoffen erfüllt werden können. Die Gelenke von Sporthunden werden stark belastet. Um Ihren Hund zu unterstützen, können Sie ihm Kollagen, Glucosamin, Hyaluronsäure und Chondroitin verabreichen. Aufgrund des erhöhten Proteinbedarfs können Sie Ihrem Hund beispielsweise Insektenprotein geben. Dadurch wird die Muskulatur gestärkt und das Immunsystem wird unterstützt, was zu einer besseren Leistungsfähigkeit führt. Zink und Magnesium können außerdem Muskelkater vorbeugen.

Es gibt auch spezielle Fitnessriegel für Sporthunde, die Kohlenhydrate und Fette enthalten und Ihrem Hund zwischendurch Energie liefern können. Um die Leistungsfähigkeit Ihres Hundes zu beeinflussen, sollten Sie darauf achten, dass er genügend Energie aus Zucker gewinnt. Der Zuckerspeicher des Hundes reicht für etwa 45 bis 60 Minuten. Danach nutzt der Körper Fette zur Energiegewinnung. Daher sollten Sie innerhalb dieses Zeitrahmens den Zuckerspeicher Ihres Hundes wieder auffüllen. Bei Wettbewerben, die über mehrere Tage hinweg dauern, kann dies eine gute Möglichkeit sein, um die Reserven für den nächsten Tag wieder aufzufüllen.

Ernährungspläne und -Tipps

Tägliche Mahlzeiten und Portionen

Die Futtermenge hängt von Alter, Größe, Rasse und Aktivität ab. Welpen sollten ab der dritten Lebenswoche 3- bis 4-mal am Tag kleine Futterportionen bekommen. Bei erwachsenen Hunden reichen 1 bis 2 Mahlzeiten aus. Diese sollten immer zu ähnlichen Zeiten bereitgestellt werden. Junge Hunde, die im Wachstum sind, brauchen einen erhöhten Bedarf an Eiweiß. Dazu gehören auch Sporthunde. Der Energiebedarf bei Leistungshunden ist höher, da sie täglich anspruchsvolle körperliche Aktivitäten durchführen müssen. Ältere Hunde brauchen hochverdauliche Proteine, weniger Fett und eine Erhöhung der Ballaststoffe. Wenn ein Hund im Fellwechsel ist, braucht er Eiweiß und Zink. Vitamine des B-Komplexes (Vitamin B7) sind gut geeignet und können z. B. mit Bierhefe zugeführt werden. Große Hunderassen brauchen mehr Futter als kleine Hunde. Krankheiten können den Bedarf an Nährstoffen bei Hunden auch verändern. Spezialdiäten sollten Sie immer in Absprache eines Tierarztes durchführen.

Tipp: Futter umstellen beim Hund
Das Futter eines Hundes sollte langsam umgestellt werden. Andernfalls könnte es zu Verdauungsproblemen kommen. Die Futterumstellung sollte ca. 1 bis 2 Wochen dauern. Bereiten Sie 2/3 der Mahlzeit mit dem alten Futter zu, 1/3 mit neuem Futter. Nach 3 Tagen können Sie 50/50 machen und nach einer Woche 1/3 altes Futter und 2/3 neues Futter.

Hydratation und Wasseraufnahme

Wasser ist für jedes Lebewesen wichtig. Im Hundesport ist es ebenso bedeutend, denn bei hoher Anstrengung steigt auch der Wasserbedarf. Daher sollten Sie immer ausreichend Wasser zur Verfügung stellen, insbesondere im Sommer, um Kreislaufbeschwerden und Dehydration zu vermeiden. Das Wasser wird benötigt, um die überschüssige Hitze durch Hecheln abzuführen. Ein hoher Flüssigkeitsmangel kann die Leistungsfähigkeit verringern. Die Hälfte des Körpergewichts eines Hundes besteht aus Wasser. Der Wasserbedarf eines Hundes hängt von verschiedenen Faktoren ab, wie beispielsweise der Temperatur, der Aktivität und der Art der Fütterung. Ein Hund, der Nassfutter erhält, trinkt in der Regel weniger als ein Hund, der Trockenfutter frisst.

Vor einem Wettbewerb oder körperlicher Belastung geben viele Hundebesitzer ihrem Sporthund eine große Menge an Wasser in Kombination mit Futter und Mineralstoffanreicherungen wie Öl oder Lammfett. Dieses Vorgehen wird auch als Wässern bezeichnet. Allerdings kann zu viel Wasser wertvolle Mineralstoffe aus dem Organismus spülen, die der Hund für den Wettbewerb benötigt. Innerhalb kürzester Zeit verliert der Hund Nährstoffe, die für seine Kondition und körperliche Belastbarkeit wichtig sind. Außerdem muss der Körper das Wasser mit dem Futter verdauen, was viel Energie kostet. Diese Folgen verursachen beim Hund Stress und führen dazu, dass er träge und müde wird.

Dennoch kann das Wässern auch positive Wirkungen haben, wenn es richtig ausgeführt wird. Es ist wichtig, dass Welpen und Junghunde langsam an das Wässern gewöhnt werden und dass ältere Hunde Zeit haben, sich an diesen Prozess zu gewöhnen. Außerdem sollte das Wässern das ganze Jahr über durchgeführt werden, nicht nur an Wettkampftagen. Ideal ist es, die Wässerung jeden Morgen durchzuführen, um eine Routine zu etablieren. Hunde gewöhnen sich nur durch kontinuierliches Wässern an den Vorgang und können das Wasser sowie dessen Nährstoffe beim Laufen zu ihrem Vorteil nutzen. Es ist eine gute Möglichkeit, dem Hund ausreichend Wasser vor dem Sport zu verabreichen, da Hunde nur so viel trinken, wie sie in diesem Moment benötigen, und nicht wissen, dass gleich ein Wettkampf bevorsteht.

Familienhunde, die gelegentlich Sport betreiben, können im Sommer vom Wässern profitieren. Regelmäßiges Wässern sollte allerdings nur bei Leistungs- und Sporthunden durchgeführt werden.

Anwendung:

- 1–3 Stunden vor dem Wettkampf
- 150 ml für Hunde mit 10–25 kg
- 300 ml für Hunde mit 20–35 kg
- für manche Hunde sind auch 500–750 ml geeignet

Geeignete Zusätze:

- Feuchtfutter (z. B. bei langen und anstrengenden Strecken)
- Fischmehlpulver
- Energiebooster und Powershots

Nach dem Training bekommt der Hund wieder ca. 500 ml Wasser. Achten Sie bei niedrigen Temperaturen darauf, dass das Wasser nicht zu eisig ist. Das Wässern sollte innerhalb von einer Stunde nach der Leistung stattfinden, um Leistungsminderungen zu verhindern.

Die Menge an Wasser, die der Hund benötigt, hängt individuell von ihm ab. Es gibt kein Allgemeinrezept, das für jeden Hund gilt. Beobachten und dokumentieren Sie die Leistungsfähigkeit Ihres Hundes, um eine individuelle Rezeptur zu finden.

Tipp:
Wenn Ihr Hund nicht genug trinkt, können Sie versuchen, ihm ein paar Stückchen seines Futters in den Napf zu geben. Manche Hunde nehmen beim „Tauchen" nach den Futterstückchen auch etwas Wasser auf. Alternativ können Sie das Wasser mit Sahne, Knochenbrühe, Leberwurst oder Ziegenmilchpulver anreichern. Wenn Ihr Hund über mehrere Tage hinweg nicht trinkt, sollten Sie umgehend einen Tierarzt aufsuchen.

Überwachung des Gewichts und der Körperkondition

Das Gewicht von Hunden spielt in der Gesunderhaltung eine wichtige Rolle. Sowohl sportliche Hunde als auch Hunde mit Problemen im Bewegungsapparat kann ein Übergewicht stark belasten. Passen Sie die Futtermenge bei Bedarf an. Die Kalorienzufuhr von sportlichen Hunden sollte auch an die Saison angepasst werden. In der Nebensaison besteht kein hoher Kalorienbedarf wie während des Trainings in der Hauptsaison. Wenn Sie die Futtermenge in der Nebensaison nicht anpassen, nimmt der Hund schnell zu, da er die Kalorien nicht verbrennt.

Sie können den Körperzustand regelmäßig überwachen, indem Sie die Rippen, Taille und den Hängebauch abtasten. Streichen Sie über den Brustkorb des Hundes. Wenn Sie die Rippen nicht mehr fühlen können, ist er zu dick.

Anzeichen für Untergewicht, Idealgewicht und Übergewicht

Untergewicht	**Idealgewicht**	**Übergewicht**
• Rippen, Beckenknochen und Rückenwirbel sind deutlich erkennbar • Taille und Bauch sind verengt • dünne Fettschicht	• ertastbare und sichtbare Rippen • dünne Fettschicht auf dem Brustkorb • Taille ist von oben erkennbar • Bauch in Seitenansicht etwas gehoben	• Rippen sind kaum oder nur mit starkem Druck ertastbar • Hängebauch • Taille ist nicht mehr erkennbar • Fettgewebe am Rutenansatz und am Brustkorb

Protokollieren Sie das Gewicht des Hundes, indem Sie ihn regelmäßig wiegen oder ein Foto von seinem Körperbau machen. Tragen Sie die Ergebnisse in eine Tabelle ein. Für den Einstieg in die Hundefitness eignet sich auch ein kleines Notizbuch, in dem alle Erfolge, Ziele und Beobachtungen aufgeschrieben werden können. Zur Überwachung der Körperkondition kann ebenfalls eine Tabelle angefertigt werden, in der die geleisteten Aktivitäten und Übungen mitsamt Dauer, Wiederholungen und Intensität eingetragen werden. Zusätzlich können Sie das Verhalten Ihres Hundes vor, während und nach dem Training dokumentieren, um Verhaltensänderungen schneller zu bemerken. Es gibt auch spezielle Apps und Aktivitäts-Tracker, die Sie zur Überwachung verwenden können.

Wenn Ihr Hund an Übergewicht oder Untergewicht leidet, sollten Sie die Ursachen und einen Trainingsplan mit einem Tierarzt abklären. Eine solche Diagnose kann für den Hundebesitzer überfordernd sein. Viele Menschen nehmen die Ernsthaftigkeit von Fettleibigkeit und Untergewicht nicht ernst. Doch nur ein gesunder Körper kann ein langes und bewegungsreiches Leben ermöglichen.

Bonus: Der 30-Tage-Fitnessplan für Ihren Hund

Zielsetzung:

Der 30-Tage-Fitnessplan soll die Gesundheit und das Wohlbefinden Ihres Hundes verbessern, die Ausdauer steigern und die Muskeln stärken. Er kann auch helfen, Übergewicht zu reduzieren oder die allgemeine Fitness Ihres Hundes zu erhalten.

Konzept:

Dieser Plan kombiniert verschiedene Aktivitäten, darunter Spaziergänge, Lauftraining, Muskeltraining und mentale Herausforderungen, um Abwechslung zu bieten und die Fitness Ihres Hundes ganzheitlich zu fördern. Beachten Sie jedoch, dass Sie den Plan an das individuelle Fitnessniveau und die Gesundheit Ihres Hundes anpassen müssen. Der vorliegende Fitnessplan dient als Beispiel und Anhaltspunkt.

Überwachung und Anpassung:

Dokumentieren Sie die Fortschritte Ihres Hundes, wie Gewichtsverlust, erhöhte Ausdauer und gestärkte Muskeln. Beobachten Sie das Verhalten des Hundes vor, während und nach dem Training. Achten Sie auf Anzeichen von Überanstrengung und passen Sie den Plan entsprechend an. Wenn Sie merken, dass Ihr Hund überfordert ist oder Muskelkater hat, sollten Sie einen Ruhetag einbauen und am nächsten Tag mit dem Fitnessplan fortfahren. Für eine ausführliche Dokumentation und Überwachung des Hundes beim Training steht Ihnen eine Tabelle zur Verfügung, in der Sie Ihre Beobachtungen eintragen können. Nach den 30 Tagen können Sie mithilfe der Dokumentationen einen langfristigen Fitnessplan erstellen, um die Gesundheit Ihres Hundes zu erhalten.

Dokumentation des Fitnessplans:

Beobachtungen	**Tag x**
Verhalten des Hundes vor dem Training	
Dauer der Übungen	
Wiederholungen der Übungen	
Gestärkte Muskelgruppe	
Verhalten des Hundes während des Trainings	
Verhalten des Hundes nach dem Training	
Gewicht des Hundes	
Ruhe- und Schlafphasen des Hundes	
Mögliche Verbesserungsvorschläge und Änderungen	

Woche 1–2: Grundlagen legen

Tag 1–3: Spaziergänge

- **Ziel:** 20–30 Minuten gemütliche Spaziergänge
- Tägliches Aufwärmen vor dem Spaziergang

Tag 1

Aufwärmen vor jedem Spaziergang	2–4 Minuten im Schritt und Trab 2- bis 3-mal Sitz-Steh-Übung 2- bis 3-mal High Five oder Pfötchen
Morgens	10 Minuten spazieren gehen
Mittags	15 Minuten spazieren gehen
Abends	10 Minuten spazieren gehen

Tag 2

Aufwärmen vor jedem Spaziergang	2–4 Minuten im Schritt und Trab 2- bis 3-mal Sitz-Steh-Übung 2- bis 3-mal High Five oder Pfötchen
Morgens	15 Minuten spazieren gehen
Mittags	20 Minuten spazieren gehen
Abends	15 Minuten spazieren gehen

Tag 3

Aufwärmen vor jedem Spaziergang	2–4 Minuten im Schritt und Trab 2- bis 3-mal Sitz-Steh-Übung 2- bis 3-mal High Five oder Pfötchen Kopf zum Knie Kopf zur Pfote
Morgens	15 Minuten spazieren gehen
Mittags	30 Minuten spazieren gehen
Abends	20 Minuten spazieren gehen

Tag 4–7: Muskelaufbau

- **Ziel:** 10 Minuten Muskeltraining (z. B. Sitz-Steh-Übungen, Kriechen, isometrisches Training)
- Beginnen Sie mit leichten Übungen zur Muskelfestigung

Tag 4

Dauer: 2,5 Minuten

Übung	**Wiederholung**
Bergauf- und Bergab-Training auf jedem Spaziergang	2-mal
Bewusstes Stehen	2- bis 3-mal
Sitz-Steh-Übung	3-mal
Pause: Schritt und Trab im Kreis laufen	30 Sekunden
Sitz-Steh-Übung	3-mal

Tag 5

Dauer: 5 Minuten

Übung	**Wiederholung**
Bewusstes und gestrecktes Stehen	3-mal
Sitz-Steh-Übung	3-mal
Platz-Steh-Übung	3-mal
Pause: Schritt und Trab im Kreis laufen	30–60 Sekunden
isometrisches Training: Oberschenkel/Knie (seitlich Druck ausüben, beide Seiten einzeln trainieren) Schulter (seitlich Druck ausüben, beide Seiten einzeln trainieren) Hals/Brust (den Hund „wegschieben“)	jede Muskelgruppe 3-mal für 3 Sekunden

Tag 6

Dauer: 7,5 Minuten

Übung	**Wiederholung**
Bergauf- und Bergab-Training auf jedem Spaziergang	3-mal
Sitz-Steh-Übung	3-mal
erhöhte Platz-Steh-Übung	3-mal
Pause: Schritt und Trab im Kreis laufen	30 Sekunden
Kriechen	2- bis 3-mal
Pause: Leckerlis suchen lassen	30 Sekunden
isometrisches Training: Oberschenkel/Knie (seitlich Druck ausüben, beide Seiten einzeln trainieren) Schulter (seitlich Druck ausüben, beide Seiten einzeln trainieren) Hals/Brust (den Hund „wegschieben“)	jede Muskelgruppe 3-mal für 5 Sekunden

Tag 7

Dauer: 10 Minuten

Übung	Wiederholung
Bergauf- und Bergab-Training auf jedem Spaziergang	3-mal
Sitz-Steh-Übung	3- bis 6-mal
erhöhte Platz-Steh-Übung	3- bis 6-mal
Pause: Schritt und Trab im Kreis laufen	30 Sekunden
Kriechen	3-mal
Männchen	2-mal für 5–20 Sekunden halten
Elefantentrick	3 Umdrehungen in beide Richtungen
Pause: Leckerlis suchen lassen	30–60 Sekunden
isometrisches Training: Oberschenkel/Knie (seitlich Druck ausüben, beide Seiten einzeln trainieren) Schulter (seitlich Druck ausüben, beide Seiten einzeln trainieren) Hals/Brust (den Hund „wegschieben")	jede Muskelgruppe 3-mal für 5 Sekunden

Woche 3–4: Steigerung der Intensität

Tag 8–14: Lauftraining

- **Ziel:** 2–3 kurze Laufeinheiten (insgesamt 20–30 Minuten pro Tag)
- Steigern Sie allmählich die Laufzeit und -intensität.

Tag 8

- **Aufwärmen:** 5–10 Minuten im Schritt und Trab
- **Training:** 3–5 Minuten joggen
- **Cool-down:** 5–10 Minuten im Schritt und Trab

Tag 9

- **Aufwärmen:** 5–10 Minuten im Schritt und Trab
- **Training:** 5 Minuten joggen
- **Cool-down:** 5–10 Minuten im Schritt und Trab

Tag 10

- **Aufwärmen:** 5–10 Minuten im Schritt und Trab
- **Training:** 2-mal am Tag 5 Minuten joggen
- **Cool-down:** 5–10 Minuten im Schritt und Trab

Tag 11

Ruhetag

Tag 12

- **Aufwärmen:** 5–10 Minuten im Schritt und Trab
- **Training:** 6–10 Minuten joggen
- **Cool-down:** 5–10 Minuten im Schritt und Trab

Tag 13

- **Aufwärmen:** 5–10 Minuten im Schritt und Trab
- **Training:** 6–10 Minuten joggen (2-mal am Tag)
- **Cool-down:** 5–10 Minuten im Schritt und Trab

Tag 14

- Aufwärmen vor jeder Einheit: 5–10 Minuten im Schritt und Trab
- Cool-down nach jeder Einheit: 5–10 Minuten im Schritt und Trab

1. Laufeinheit morgens	6–10 Minuten joggen
2. Laufeinheit mittags	6–10 Minuten joggen
3. Laufeinheit abends	6–10 Minuten joggen

Tag 15–21: Agility-Elemente

- Ziel: einfache Agility-Hindernisse im Garten oder Park
- Verbessern Sie die Koordination und Agilität Ihres Hundes.

Tag 15

- Slalom durch die Beine
- V-Übung
- auf Baumstämmen balancieren

Tag 16

- Slalom um die Beine und Drehen um die eigene Achse
- Cavaletti-Training mit mehreren Stöcken oder Besenstielen
- Sidewalk

Tag 17

- Cavaletti-Training
- Slalom um die Beine, drehen um die eigene Achse und Vorderkörpertiefenstellung

Tag 18

- Sitz-Steh- und Platz-Steh-Übung
- Hürdensprünge üben (z. B. durch einen Hula-Hoop-Reifen oder über einen Baumstamm / über Stöcke)

Tag 19

- Slalom um Poller, Bäume oder senkrecht aufgestellte Stöcke

Tag 20

- Sitz-Steh- und Platz-Steh-Übung
- Hürdensprünge üben (z. B. durch einen Hula-Hoop-Reifen oder über einen Baumstamm / über Stöcke)

Tag 21

- Erste Kombinationen der Elemente trainieren:

1. zwei Sprünge hintereinander üben
2. Sprung und Slalom
3. Balancieren und Sprung
4. Sprung und Cavaletti

Woche 5–6: Konditionssteigerung

Tag 22–28: Intervalltraining

- **Ziel:** 2–3 Intervall-Laufeinheiten pro Woche
- abwechselnd schnelles Laufen mit langsameren Pausen

Tag 22

- **Aufwärmen:** 5–10 Minuten im Schritt und Trab
- **Training:** 5 Minuten joggen
- **Cool-down:** 5–10 Minuten im Schritt und Trab

Tag 23

- **Aufwärmen:** 5–10 Minuten im Schritt und Trab

Intervall-Laufeinheit:

Gangart	Dauer (in Sekunden)
Trab	30
Galopp	30
Trab	90
Galopp	60
Trab	30

- Cool-down: 5–10 Minuten im Schritt und Trab

Tag 24

- **Aufwärmen:** 5–10 Minuten im Schritt und Trab
- **Training:** 5–8 Minuten joggen
- **Cool-down:** 5–10 Minuten im Schritt und Trab

Tag 25

- **Aufwärmen:** 5–10 Minuten im Schritt und Trab

Intervall-Laufeinheit:

Gangart	Dauer (in Sekunden)
Trab	30
Galopp	30
Trab	120
Galopp	60
Trab	30

- **Cool-down:** 5–10 Minuten im Schritt und Trab

Tag 26

- **Aufwärmen:** 5–10 Minuten im Schritt und Trab
- **Training:** 8–10 Minuten joggen
- **Cool-down:** 5–10 Minuten im Schritt und Trab

Tag 27

Ruhetag

Tag 28

- **Aufwärmen:** 5–10 Minuten im Schritt und Trab

Intervall-Laufeinheit:

Gangart	Dauer (in Sekunden)
Galopp	30
Trab	60
Galopp	30
Trab	120
Galopp	60
Trab	120
Galopp	60

- Cool-down: 5–10 Minuten im Schritt und Trab

Tag 29–30: Abschlussprüfung und Entspannung

- Ziel: ein vollständiger Agility-Parcours
- Beenden Sie den Plan mit einem Spaß-Parcours und einer entspannenden Massage für Ihren Hund.

Tag 29

- Wiederholung und Auffrischung der Trainingsgeräte und Agility-Elemente
- Slalom
- Hürdensprung
- Balancieren
- Cavaletti-Training

Tag 30

Agility-Parcours:

- Hürdensprung
- auf einem Baumstamm balancieren
- Hürdensprung
- Cavaletti-Stangen (z. B. Stöcke oder Besenstiele) langsam überqueren
- Sprung durch einen Hula-Hoop-Reifen
- Slalom (z. B. um Gegenstände oder Stöcke, die senkrecht in den Boden gesteckt sind)
- Tunnel (falls vorhanden) oder Hürdensprung
- Sprung auf stabilen Gegenstand (z. B. Baumstumpf, Kinderhocker, Stuhl) und „Sitz" machen
- Belohnung abholen

Anschließende Massage:

- Muskelgruppen ausstreichen
- mit einem Igelball massieren
- Infrarotlichtlampe anschalten

Pfoten in Bewegung!

Es gibt nichts Schöneres, als zusammen mit dem Hund auf langen Spaziergängen und Ausflügen die Natur zu genießen und Erinnerungen zu schaffen. Um Ihrem Hund ein glückliches Leben mit vielen schönen Erinnerungen und aufregenden Erlebnissen zu ermöglichen, ist es wichtig, dass Sie ihm eine hohe Lebensqualität bieten können. Die Gesundheit Ihres Hundes ist dabei der wichtigste Faktor für ein langes Leben. Dazu gehört auch die Hundefitness, für die es vielfältige Methoden, Sportarten und Hobbys gibt, um den Hund körperlich fit zu halten. In diesem Buch wurde Ihnen ein breites Spektrum an Informationen zur Hundefitness präsentiert.

Die Welt des Hundesports kann auf den ersten Blick überfordernd wirken. Die Menge an Übungen und Faktoren, die beachtet werden müssen, kann die Freude an der Hundefitness schnell wieder nehmen. Obwohl die Fitness des Hundes wichtig ist, sollten Sie sich keinen Druck machen und nicht vorschnell das Handtuch werfen. Arbeiten Sie gemeinsam mit Ihrem Hund in Ihrem eigenen Tempo und vergleichen Sie sich nicht mit anderen Mensch-Hund-Teams. Konzentrieren Sie sich auf Ihren Hund, geben Sie ihm Zeit und setzen Sie sich kleine Trainingsziele. Am wichtigsten in der Hundefitness sind neben der Gesunderhaltung der Spaß und die Freude an der Interaktion mit dem Hund. Ein Hobby, das Sie zusammen mit Ihrem Hund ausüben, stärkt die Bindung und sorgt für die Ausschüttung vieler Glückshormone auf beiden Seiten. Schaffen Sie gemeinsam Erinnerungen und genießen Sie die Zeit mit Ihrem vierbeinigen Begleiter.

Quellen und weiterführende Literatur

- Adrian, Carrie (2018): The Dog Athlete: A Guide to Canine Sports Medicine and Performance.
- Bockstahler, Barbara / Levine, David (2015). Hundephysiotherapie: Grundlagen und Praxis.
- Jung, Hildegard (2018): Fit für den Hundesport: Gesundheit und Fitness für Sporthunde.
- Zink, Chris / Van Dyke, Janet (2018): Canine Sports Medicine and Rehabiliation.